优雅
是如何炼成的

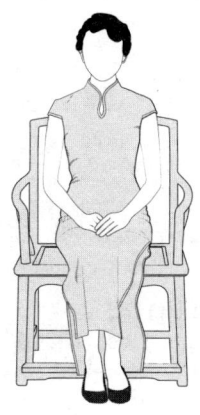

沈念—著

北方文艺出版社

图书在版编目（CIP）数据

优雅是如何炼成的 / 沈念著. — 哈尔滨：北方文艺出版社，2017.9
 ISBN 978-7-5317-3936-4
 Ⅰ.①优… Ⅱ.①沈… Ⅲ.①女性–气质–通俗读物 Ⅳ.①B848.1-49

中国版本图书馆 CIP 数据核字（2017）第 159859 号

优雅是如何炼成的
YOUYA SHI RUHE LIANCHENG DE

作　者 / 沈　念

责任编辑 / 王金秋

出版发行 / 北方文艺出版社　　　网　址 / www.bfwy.com
邮　编 / 150080　　　　　　　　经　销 / 新华书店
地　址 / 黑龙江现代文化艺术产业园 D 栋 526 室

印　刷 / 北京中振源印务有限公司　开　本 / 880×1230　1/32
字　数 / 176 千　　　　　　　　　印　张 / 8
版　次 / 2017 年 9 月第 1 版　　　印　次 / 2017 年 9 月第 1 次印刷

书　号 / ISBN 978-7-5317-3936-4　定　价 / 38.00 元

前言
优雅，跟了她一辈子

1954年11月15日，赵雅芝出生于香港九龙半岛。1973年，香港无线电视台选举首届"香港小姐"，19岁青春靓丽的赵雅芝在妈妈的支持下参加了竞选，经过紧张激烈的角逐，最终不负众望，斩落港姐殿军，获得"最上镜小姐"的荣誉称号。自此，正式踏入演艺圈，并于1976年以第一女主角的身份出演许冠文的年度票房冠军电影《半斤八两》，遂被广大观众认可。

小荷才露尖尖角，不得不说赵雅芝在娱乐圈的闯荡是顺风顺水、如有神助的，1977年主演吴宇森电影《发钱寒》，令她成为年度票房两连冠女影星，以24岁的年纪便斩获了香港十大明星金球奖。

然而，令大陆亿万观众认识并喜爱她的，当数1992年与叶童等人合拍的《新白娘子传奇》,她在剧中饰演温柔多情的蛇妖白素贞。或许是本人端庄优雅的气质太符合这个角色,如今20年过去,无数观众仍对经典念念不忘,赵雅芝亦成为人们心中不可不提的女神,更有不少热心粉丝,亲切地称呼她为"芝姐"。

看看她,清新脱俗的外貌,端庄得体的举止,一颦一笑之间,藏有无尽的人间风流。雅芝,雅芝,名字这样取着,叫着,也便真的优雅和精致了一辈子。

拍摄《新白娘子传奇》时,赵雅芝已经是39岁,这样的年纪本身不算什么,但在新旧更替频繁竞争日趋激烈的娱乐圈来说,却已是危险的边缘,特别是这个圈子更考验女明星的容貌与身材。然而,39岁的赵雅芝,却美出了天际,白娘子的角色深入人心,成为数年屹立不倒的荧屏经典。

如今,赵雅芝已63岁。看她在今年参与录制的《我们来了》,时而一袭白衣飘飘,宛若仙子;时而红袍加身,庄重典雅,与人交谈,处处也都透出优雅与高贵,直惹得那些比她年纪小的女星纷纷大胆向她请教:"雅芝姐,你到底是怎么保养的?"在她面前,女王陈乔恩一秒摘下皇冠,一个劲地赞扬:"雅芝姐,你好像是画里走下来的仙女,真是太美了。"

如果不是亲眼看到,我也绝不敢相信,她竟是我母亲的同龄人。白娘子的经典荧幕形象，成全了她的影视事业，而在现实生活中，她处处保持着女王般的优雅，让所有的女人知道——美人，是可以当一辈子的。

几乎没有女人不艳羡她优雅大方的气质，相信也几乎没有男人能对她的美丽保持冷静。而她的典雅不仅仅是在荧屏，在观众看不到的地方，她也很努力地热爱着生活。

面对感情，既有令人信服的温柔，也有令人敬佩的果敢。青春懵懂时遇见一段失败的婚姻，她能够破茧成蝶，走向更美丽成熟的自己；和第二任老公结婚多年，感情依旧美好，夫妻双双出现在公众场合，皆夫唱妇随恩爱到令人对爱情充满向往。

她以她女性独有的智慧，优雅地嫁给了爱情，优雅地拥有了完美的人生，同时还是三个儿子的母亲，永远的漂亮妈妈。

优雅，这个被认为是赞美女性的最高级别的词汇，成为赵雅芝形象的标签。这种优雅不是谁定的，而是当我们看到这样一个完美无瑕的人，她所呈现出来的姿态，就能牵引人们联想到这个词。早年的演艺圈生涯塑造了她顽强又果敢的性格，母亲对她的教育赋予她无懈可击的高贵。但优雅不是因为她用兰蔻、倩碧、雅诗兰黛，不是因为她有苗条的身材。优雅和聪明、智慧、坚强、幽默一样，是发自内心的深沉的力量。赵雅芝的优雅，是从她的内心深处散发出来，从她的表演、她的着装、她的声音，甚至签名方式体现出来。无论我们对优雅的定义是什么，她都将它具象化，通过她的笑容与指尖释放出来。

可以说，因为她的存在，我们才得以看见优雅。

一个女人的优雅可以体现在方方面面，当她能够将优雅运用自如，她本身便化作优雅。对待工作，赵雅芝是认真拼搏的，虽然她已有那个圈子非常看重的美丽容颜，但她更不忘做出行动上的努力。自接拍第一部电影，她就告诉自己："我一定要竭尽全力去演好每一部戏"，这样的精神，伴随着她拿了一个又一个奖，终成就她今日在影视圈的地位；对待感情，她是果决而勇敢的，可想而知，她这样的可人儿，一定有不少人追，但面对情感的诱惑，她总能认清心中目标，对错的人果断拒绝，对正确的人，果敢投入，不惧事业与婚姻可能会存在的冲突；对待后辈，她有一个前辈应有的大度，不忘提携新人，展现出难得的气度；对待家庭，是一个优雅的妻子，负责任的漂亮妈妈；对待名利，始终视如过眼云烟，内心保持着一份纯净，从不世故，从不留恋。你从她干净的面容上，看不到一丝的戾气。

我一向对身处名利场的人不屑一顾，却不可抗拒地崇拜赵雅芝，因为她不管走得多高，飞得多远，始终没把自己放上神坛的位置，而是简简单单、平平淡淡地守护着一份演员的职责。聪慧如她，懂得守住本真，才能守住为人的底线。

她还热心公益。知道很多观众是真心喜欢她，每每出现于公众场合，总以高贵典雅的形象示人，面带微笑，暖心回应每一个真心人。期待通过自己的努力，帮助更多的人收获幸福——女神的称谓，由此而来。

所谓女神，也并不得天独爱，一生风光不起波澜，而是如赵雅芝这般，即便身处低谷亦能爬出泥潭，积蓄能量，重新上路。

在这本书里，我们将向大家介绍赵雅芝的方方面面——从着装到人生态度，以此来认知"优雅"的真正含义。赵雅芝是不可复制的传奇，因此我们写这本书不是为了教你如何成为她，而是通过她人生历程的每个关键点，从一个女性的角度，去领悟女神为何能够成为女神。

"卓越的老师是模仿"，任何人想要突破，朝着心中的偶像前进，第一步必定是模仿。而做女人这件事，从来都不是天生就会，需要后天努力，付出更多汗水。我们最终的目标是，让大家通过学习赵雅芝的风格，去找到专属自己的风格。

我始终相信，优雅是一种强大的能力，美丽自己，亦美丽他人。愿我们都能拥有优雅女人的生活，像赵雅芝一样塑造完美人生。

目录 CONTENTS

第一章 小荷才露尖尖角

绽放优雅：赵雅芝的人生轨迹	002
17岁的赵雅芝	002
参选香港小姐，"无线"出发	006
电影处女作《半斤八两》	010
练习优雅：跟赵雅芝学做优雅女人	015
时刻保养你的皮肤，会让你素面也很美	015
爱笑的女孩，运气都不会太差	017
爱惜你的头发，拥有一头乌黑靓丽的秀发	019
训练出优雅的体形和姿态，释放女性魅力	020

第二章 荧屏红透上海滩

绽放优雅：赵雅芝的人生轨迹 024
1977年《楚留香传奇》：初露锋芒 024
1978年《倚天屠龙记》：别样周芷若 028
1980年《上海滩》：永远的冯程程 031

练习优雅：跟赵雅芝学做优雅女人 038
刚柔并济，是女人最美的姿态 038
如何修炼一颗强大的内心 040
学会爱自己，爱能治愈任何伤口 043

第三章 转战台湾,继续成长

绽放优雅:赵雅芝的人生轨迹   048

《京华烟云》把姚木兰演到极致   048

《戏说乾隆》之真情沈芳   052

《戏说乾隆》之洒脱程淮秀   057

《戏说乾隆》之淡泊金无箴   059

荧屏倩影,三花生香   062

风雨江山阿房女   067

练习优雅:跟赵雅芝学做优雅女人   071

剖析自我,找到自己的位置   071

不惧困难,不对这个世界妥协   074

第四章　传世经典白娘子

绽放优雅：赵雅芝的人生轨迹　　078

《新白娘子传奇》不可替代的白素贞（一）　　078

《新白娘子传奇》不可替代的白素贞（二）　　082

一人两角，至情至性胡媚娘　　089

《新白娘子传奇》大火背后的奥秘　　094

"赵雅芝现象"（一）　　098

"赵雅芝现象"（二）　　101

练习优雅：跟赵雅芝学做优雅女人　　105

把握时间，做时间的主人　　105

不功利的人生才优雅　　108

炫耀是优雅的天敌　　111

突破自我，做独一无二的自己　　114

第五章 愿得一心人，白首不相离	绽放优雅：赵雅芝的人生轨迹	118
	21岁嫁人，婚姻比事业更重要	118
	当爱已成往事，潇洒地和过去说再见	120
	优雅地去爱，优雅地被爱	124
	选男人要选"温馨日常款"	127
	练习优雅：跟赵雅芝学做优雅女人	132
	对于爱情，爱就珍惜，不爱就放下	132
	不拘尘世，优雅也可以真性情	134
117	对生活，别总是太过用力	137

第六章 重返荧屏,英姿犹存	绽放优雅:赵雅芝的人生轨迹	142
	《西关大少》尽显女子柔情	142
	《杨门虎将》最具风范佘太君	145
	《青花》呈现50岁的优雅	147
	练习优雅:跟赵雅芝学做优雅女人	151
	保持心态,随时可以重新出发	151
141	幸福是一种乐观的心态	153

第七章 人人想做赵雅芝

绽放优雅：赵雅芝的人生轨迹   158
先有家庭，后有事业   158
明确底线，成熟女性不暧昧（一）   162
明确底线，成熟女性不暧昧（二）   167
转战电视圈，对自我认知清晰   169

练习优雅：跟赵雅芝学做优雅女人   173
在正当好的年纪去爱一个人   173
守护家庭，做一个温柔女人   175
真诚地赞美你的伴侣   179
内外兼顾，学会平衡家庭和事业   181

第八章	不老女神赵雅芝		
	绽放优雅：赵雅芝的人生轨迹	188	
	是超级偶像，但没有偶像包袱	188	
	热心公益，爱心大使赵雅芝	192	
	清华大学高材生	194	
	《我们来了》——赵雅芝来了	196	
	女神，你好！	199	
	爱护后辈，温暖如春	202	
	不老女神赵雅芝	203	
	练习优雅：跟赵雅芝学做优雅女人	207	
	保持优雅的秘密武器	207	
	善于学习，用知识武装头脑	214	
	看重学历，对自己严格要求	217	
	重教养，识大体	220	

187

附 录		
	赵雅芝部分重要影视作品	224
	赵雅芝个人经历	227
	赵雅芝语录	228
223	赵雅芝精美诗作	234

第一章

小荷才露尖尖角

绽放优雅：赵雅芝的人生轨迹

17岁的赵雅芝

1954年，赵雅芝出生于香港。父亲经商，母亲是位普通的家庭主妇，她是赵家的第四个孩子，上面有一个哥哥、两个姐姐，下面有一个妹妹。

宽宥、良好的家庭氛围令她得以完全地释放天性，无拘无束地成长。儿时的赵雅芝有些调皮，时常跟在一群男孩子身后嘻嘻哈哈，甚至爬树掏鸟蛋。别看她是个女孩儿，在男孩堆里却一点都不示弱呢。赵雅芝从小就非常独立自强，柔弱的外表下掩藏着阳刚的男儿心性。

在班级里，她活泼好动，唱歌、跳舞样样精通，即使面对比自己高一头的男孩子也丝毫不露怯，大有舍我其谁的架势；生活上，则常常为小伙伴出谋划策，十足鬼马精灵，别看她人小可做起事来却非常有主见、有原则，遇事从不莽撞，善于思考。这种外柔内刚的特性融合到一起，形成她独有的个人魅力。从那一双黝黑的闪动着神奇的眼睛，你便可窥见一斑。

  在一个家庭中，父亲对孩子的成长所起到的作用是显而易见的。赵雅芝的父亲是生意人，深谙人际关系，更懂得世事的险恶，因此他对几个孩子都管教得比较严格。都说女儿是父亲前世的小情人，对赵雅芝这个古灵精怪的女儿，父亲在威严之时不免多出一份"温情"。这种恰到好处的情感拿捏，令赵雅芝从小生活在爱的天堂，内心自然充满了阳光。

  再说她的母亲。像任何一位典型的家庭妇女一样，母亲给予孩子温暖的母爱，用女性独有的刚毅与温柔，很称职地守护着这个家庭，无私地奉献着自己的一切。从母亲这里，赵雅芝领略到的是女性的优雅、大度与宽容，虽然那时候她还太小，不懂女人在家庭中应扮演的角色，但生活在母亲身边，耳濡目染，纯洁的心灵亦有那么一丝智慧的领悟。毫无疑问，赵雅芝的母亲是充满智慧的，女儿喜欢跟男孩扎堆，一起疯玩，她知道后，非但没有阻止，反而鼓励女儿要多跟品质好、懂礼貌的男孩子交朋友，在学习上虚心向人请教，跟男孩们一较高下，让他们知道，女孩子也可以做得很好。但这并不意味着，这位母亲对女儿的管教就很随意。相反，还在少女时代，赵雅芝女神的气质就已初显，身材窈窕，大气端庄。如今的赵雅芝常说,一切归功于她的父母,因为母亲总说"坐有坐相,站有站相,吃饭要有吃饭的样子"。她的优雅,是习惯形成的自然。要我说,也是她自己争气,不然我妈也是这么要求我的,为啥我还是长歪了呢?

就是在这样的氛围下,赵雅芝终成长为一个坚强独立,做事有分寸、有主见的女孩。

1971年,17岁的赵雅芝已经长成一位大姑娘,出落得亭亭玉立,落落大方。她顺利地完成课业,于香港天主教崇德中学毕业。

正如我们每个人都在回忆里置放着曾有的青春韶光,赵雅芝在崇德中学的时光非常快乐,如今也成为人生最明媚的回忆:"每当我的车子将途经元朗时,心中便有一种莫名的冲动。当我的目光接触到那三层高的新校舍,那耸然屹立在旁的天主堂,我禁不住望了又回望,眷恋着那度过了八年光景的母校,一幕幕校园生活在脑海中轻轻地掠过。"

我们会对一个地方产生感情,是因为我们曾在那里度过了最天真无邪的时光。校园里的桌椅板凳,校园一角的读书报,校园的操场,操场上的篮球……曾经承载了青葱年华的黑板,那曾经罚过站的教室的走廊,那一阵阵萦绕在耳旁琅琅的读书声……每当经过，就仿佛和17岁的自己对话，哪怕什么都不说，只这样淡淡地笑。

学生时代的赵雅芝最喜欢打篮球，也曾为了痛痛快快玩上一节课，带领一帮女生跟男生抢地盘。穿着校服的她，一脸的稚嫩，却像个"大姐大"一样，当仁不让地为自己的同学争领地。有好几次，男生被她较真儿的样子逗乐，纷纷败下阵，将场地拱手相让。赵雅芝和小姐妹们欢乐地打着、闹着，尽情地分享这胜利的果实。在她的性格里，有十足坚韧的一面——或许也正是这样的性格，支撑着外表柔弱的她，在风云变幻的娱乐圈"屹立"至今，直到现在还深受欢迎。

最重要的是，崇德中学校风严谨，"在学校检查裙子时，女生们都要跪在地上，裙子碰到地板才算及格。长头发的女孩就一定要扎起辫子。扎辫子要用颜色一样的蝴蝶结，不能太花哨……"在这种严格的教育环境下，赵雅芝被训练出优雅得体的仪态，所以她自己才说："其实，真的没有去刻意做得优雅。我从小就习惯了。"

如果你有机会去到崇德中学，请循着干净整洁的楼层，一路来到新校舍三楼最左边的一间教室，那便是赵雅芝上初中五年级时就读的教室。这一带远离嘈杂，环境清幽，是读书思考的好地方。在楼下的操场走路，几步一株乔木，空气清新，格调雅致，宁静，这里环境所赋予的优美气质，同样被赵雅芝很好地吸收，呈现。

年华匆匆，尽管她很喜欢做学生，喜欢在课堂里读书的生活，却很遗憾地没能步入大学。从崇德中学毕业后，17岁的赵雅芝开始走向社会，而此时还没人知道，在她的身上，将演绎出怎样的传奇。

参选香港小姐，"无线"出发

中学毕业，站在人生十字路口的赵雅芝，因为有一个想要环游世界的梦想，又赶上日本航空公司在香港招聘空姐，最终经历层层选拔，如愿成为一名空姐。

1973年，香港无线电视台选举首届"香港小姐"。妈妈看到消息坚决支持19岁的赵雅芝前往参加，用她的话说，"失败了也无所谓，就当多学习一点东西"。就这样，在妈妈的支持下，赵雅芝参加了竞选。经过紧张激烈的角逐，这场奉行"美丽与智慧"并重的大赛，她最终只斩获竞选的殿军（第四名）。

20世纪70年代的香港虽已风气渐开，但"选美"对于普通大众来说，仍属于超前的新生事物，况且这又是第一次举办如此隆重的选美活动，主办方"无线"为了提高收视率，特意设置"泳装秀"环节，一时引发许多争议。

这对从小接受严格教育的赵雅芝来说，尤其不易，她一想到自己要穿起泳装站在舞台上，接受异性评委和全体男性观众的审视，难免有些害羞。在赛前，因为清丽的容貌，姣好的身姿，一度被很多人认定必是这届香港小姐第一名。可究竟为何只落得第四，赵雅芝有她自己的解释："穿泳衣回答司仪问题时，我感到好紧张，司仪问了一个我不大熟悉的时装问题，因过度紧张，一时间回答得不大理想。"

19岁的她，显然还不能完全驾驭优雅。但正如母亲所言，通过这次参赛，赵雅芝学到不少东西，对外面的世界也有了更多的认知。

一般来说，赢得香港小姐殿军也算风光，像她这样有身材长得又美的女孩，应有不少影视公司邀请她演戏。但参选完港姐之后，她却意外地选择继续做空姐。这个消息不胫而走，令当时很多观众为她惋惜，都说她错过了一次入行的最佳机会。但他们不懂赵雅芝的心，比起借着"香港小姐"的身份转行做演员，在演艺圈被人议论，空姐实在比较安全。她一向温婉和气，从未打算让自己陷入纷争，成为焦点，点燃一团戾气。况且，这番亮相，几乎全香港的人都认识了她，倘若真有合适的角色，哪怕晚上一两年，也终究会来寻她的。所谓"好饭不怕晚"，大概说的就是这个道理吧。

但命运和她开了一个玩笑。回去做空姐没多久，她发现自己生病了，"很严重，医生有试着开药给我，也没办法解决"，一张脸优雅地笑着，继续说："我一上飞机就开始犯困，脑袋里昏昏沉沉，一直会睡，甚至一度昏迷。"没办法，她试了很久一直未能解决这道难题，终于辞去空姐的工作。到现在，赵雅芝仍坦言自己是不能飞国际长途的，除非家里有重要的事情。

出了名后，TVB找上门，邀请赵雅芝做节目主持人，辞职的她一时也没新想法，就这样一脚迈进了娱乐圈。很多人喜欢她，是喜欢她那招牌式的温婉笑容，出名之后曾有记者问秘诀，赵雅芝笑说："当时我刚刚从学校里出来，哪里经过这样的场面？我没有过上台的经验，化妆也不是很懂，才刚开始学习怎么样走台，所以怯场什么都有。导师告诉我，你要保持笑容，这样别人就不会感觉你紧张。所以一直到现在，我一紧张就笑,别人就看不出了。"

　　此后,这样招牌式的笑容,竟一直延续到她多部剧的多个角色中:《上海滩》里清丽端庄的冯程程,《戏说乾隆》里明媚洒脱的程淮秀,《新白娘子传奇》里风姿绰约的白素贞……她的一颦一笑,竟使她光芒万丈,在更新换代超快的娱乐圈,保她屹立数十年不倒。而这一切,她只有一个秘诀:"温婉其实很难演,你要人家觉得自然,而不是做作。"——她的每个角色,都是她自己,而非演出来。

　　在TVB,赵雅芝最初做幕后工作,半年以后,才开始进入台前,主持一档《心大心细》的竞猜游戏节目,因为这是一个长期的游戏节目,所以台词也都差不多,但比较考验主持人的时间掌控能力和随机应变能力,一个合格的综艺节目主持人,要能引领嘉宾发言,控制整个录制的时间,还要学会调动嘉宾的情绪……对于聪慧的赵雅芝来说,这份工作虽不算挑战,却严重束缚了她在职业上的发展。

　　当然了,像她这样貌美的年轻姑娘,倘若不去拍戏,也是一个不小的浪费。彼时正值TVB发展的巅峰时期,赵雅芝很快转为演员,参演一系列电视剧。

　　演戏是很苦的工作,要一天24小时待命。况且刚进圈子,人也不红，很多时候都要看人脸色行事，身体吃苦那都是小事情，难熬的是精神上也频繁地遭遇打击。很多时候，明明轮到拍你的戏，但却因为剧组或导演或其他演员有别的调整，一天就白等了。耗在剧组的经历，锻炼了赵雅芝的耐性。好几次，因为要赶戏，演员都回不了家，大家就在剧组临时搭建的帐篷里休息，更可恶的是，有时竟忙到连着几天无法洗澡——这对爱美的姑娘来说，算是一份不小的考验。但赵雅芝坚持了下来，并且没有丝毫的怨言。

也算她幸运地赶上了好时机，公司为她签的角色，都非常符合她个人的气质，而给她配戏的女二号，也都是大配角；男演员则有周润发、吕良伟、郑少秋、刘松仁——都是后来的风云人物。赵雅芝在演艺圈的路，就这么发展起来了。

电影处女作《半斤八两》

《乘风破浪》是赵雅芝的电视剧处女作，这部由许冠文自编自导自演，许冠英、许冠杰兄弟联合出演的电影《半斤八两》则是赵雅芝的电影处女作。

本片讲述了许氏三杰扮演的吝啬老板和厉害伙计以及呆傻伙计经营的私家侦探社所经历的一系列芝麻小案，包括跟踪婚外情、追债、对付捣乱者、抓小偷等等，整个过程诙谐搞笑，最后以伙计大破抢劫集团，荣升侦探社合伙人大团圆结局。

赵雅芝在电影中扮演许冠文侦探事务所的一位女秘书，角色要求她务必干练，优雅，凸显大方，曾有的空姐工作的经验，无疑在这方面给予她很大的帮助。秘书这个角色，就等于是领导的"门面担当"，首先要长得漂亮，气质出众，天天做接待访客的工作，自然也要有点"眼力见儿"，嘴巴要甜。

作为第一部电影，赵雅芝无疑是努力的，由她所饰演的年轻女秘书，活泼、可爱，稚气未脱，言语之间又有伶俐的生机——现在回头看她这个时候的样子，也能帮助她的粉丝们多一层感知上的体会和理解，就像穿越时间的防线，和当年的阿芝面对面。

但也不能忘记这部电影的内核——喜剧电影。

香港喜剧电影自成一派，同功夫电影一样，是世界影坛的两朵"奇葩"。20世纪70年代许氏兄弟的鬼马喜剧影响很大，令今天江湖上仍有他们不朽的传奇。可以说，《半斤八两》是香港喜剧电影历史上非常经典的一部作品，独特而深刻地体现了香港的草根文化。

说起许氏兄弟的成名，那是一部底层人物艰苦奋斗的历史，若是真要细细品鉴，恐怕三天三夜也说不完。许冠杰最早从事过很多行业，街头卖货，当家庭老师，甚至搞过广告。他虽然早在音乐上展露才华，却一直不温不火；许冠英同样热衷电影表演，经常很努力才能跟导演要上一些小角色，一直也没有出人头地的机会。这样的困窘一直到1971年，TVB电视台的横空出世改变了三兄弟的命运。

许冠文和许冠杰合作的节目《双星报喜》，由于鬼马搞笑，内容贴近草根，一夜之间火遍香江两岸，两兄弟也成为香港赫赫有名的电视明星。之后，许冠文参演大导演李翰祥的电影，在《大军阀》中担纲男主演，自此走上搞笑的道路，自成一派，一发不可收拾。到现在，每次我看到《神雕侠侣》中的老顽童周伯通，还能幻想出几分许冠文的身影。许冠杰开始在乐坛走红，创作出一首首脍炙人口的好歌，《沧海一声笑》《浪子心声》《沉默是金》（后被歌坛巨星张国荣先生重新演绎）……而这部电影的同名曲《半斤八两》，更是留住了一代港人的城市记忆。直到今天，还是很多"漂一族"进KTV必点之曲。

我第一次听这首歌的旋律,就喜欢上它了。后来看了歌词才知道,是描写城市中底层草根人群打工奋斗的故事,或许正是因为这样的内容,有人说它通俗贴切,有人说它积极励志。而我觉得它最难得的地方,就在于虽然写的是底层人打工的辛酸,在旋律上却并不悲伤,反而有一种小人物自嘲和坚信自己会成功的勇敢!

看它的歌词:"我们这群打工仔,到处奔波简直是折磨肠胃,赚那么少钱到月底少得可怜……"现在你知道它很火的原因了吧,我相信广东一带应该更是迷恋吧。

总之,许冠杰成了闻名香港乐坛的著名歌星,后来呢,我们就知道他是粤语歌的开山鼻祖了。到现在,有这么多的中国人喜欢粤语歌,学说广东话,不能不说也有许冠杰前辈的功劳呢。而最小的弟弟许冠英也最终通过自己在影坛的摸爬滚打,顺利成为著名的丑星。

他们三人在一起拍了很多经典电影,到现在你去百度,依然能看到网友总结出的许氏三兄弟的代表作品。他们是有能耐的兄弟三人,能代表香港电影和音乐的一个时代。

在许氏先后拍摄的五部电影中,《半斤八两》是最受好评的一部。如果你看过,就一定能记得它的底色:那种独有的港式幽默桥段层出不穷，故事情节环环相扣，人物性格迥异，音乐也好听到燃起。许冠文曾说："观众进电影院就是要看些这辈子没看到过的东西。"所以在这部电影里，你能看到搞笑的电影院打劫、商场捉贼等欢快幽默的桥段。更重要的是，这部电影对细节的处理令人称赞，你能记住许冠文自制的防贼钱包、许冠杰的萝卜放屁等等。三兄弟各取所长，分别施展出自己的性格魅力，赋予剧中人物活灵活现、形态各异的表演。你或许会喜欢许冠文的冷面诙谐，或许会偏爱许冠杰的高大威猛，或者是许冠英的傻里傻气。当然，更少不了赵雅芝作为女性的完美出演，虽然她在里面的台词很少，却永远将22岁的美好留在了银幕里。

《半斤八两》于1976年12月16日在中国香港公映，一举斩获香港年度票房冠军，后又在日本等海外市场公映。虽然赵雅芝对本片的贡献有限，但因为她对秘书一角的完美把握，为她争取到更多的演出机会。

一颗红星，就要冉冉升起喽。

练习优雅：跟赵雅芝学做优雅女人

时刻保养你的皮肤，会让你素面也很美

从中学毕业的赵雅芝，可以顺利当上空姐，后又幸运地成为"香港小姐"殿军，自然跟她那一张面若桃花的脸颊分不开。

一张干净红润的面孔，即便不施粉黛，也能轻易给人留下非常美好的印象。赵雅芝是一个非常注重外表的人。她曾在微博上多次向广大粉丝分享自己的美容秘籍。看她如今依旧动人的脸庞，我们就知道，她确实保养有术。

这张脸究竟有多重要？我想不用多说，你自会懂得。俗语说："与人见面，第一印象很重要。"这第一印象，首先看到的一定是对方的脸。在日常生活中，五官和皮肤带给人的印象是最直接的，而皮肤的好坏通常在很大程度上决定你留给别人的第一印象是好还是坏。

良好的肤质可以帮助人在社交生活中建立完美的第一印象，反之，则会留下很差的印象。那么，如何拥有一张完美的素颜呢？

  首先，要注重皮肤的清洁问题。赵雅芝在分享自己的护肤秘籍时曾说，"淘米水可以洗掉脸上多余的油脂，令肌肤保持清爽干净。"平常化妆的女孩，更要认真做好卸妆工作，不能偷懒，不管多晚，都要认真清除皮肤表面的污垢。

  平常多注重皮肤的保湿和防晒，尤其针对痘痘肌肤来说，防晒必不可少，不要在太阳下暴晒。

  其次，要保证自己健康的作息规律，千万不能熬夜。熬夜伤身不说，也会妨碍身体正常的新陈代谢，导致身体内的毒素不能及时排出体外，老化皮肤。赵雅芝说，她不管多忙，都会尽量让自己保持充足的睡眠。女生只有睡眠好了，才能有好气色，面色才能红润健康。

  再次，保持微笑，保持一种乐观积极的心态。凡事不要焦虑，少生气。生气会使女性迅速衰老，令容颜失去健康的活力。

  最后，可适当吃些应季的水果和蔬菜，补充身体所需要的各种营养。

  最重要的一点，特别严重的肌肤问题一定要及时就医，不要相信网络上的那些民间秘方。要学会对自己的身体和皮肤负责，相信公立、三甲医院大夫的建议。

肌肤的保养不是一蹴而就的，而是一个长期的过程。在清洁和保养的过程中，一定要有足够的耐心，认真、正确地护理肌肤。

爱笑的女孩，运气都不会太差

赵雅芝坦言，自己参加"香港小姐"选美时，还只是一个19岁的少女，什么都不懂，能够幸运获得殿军，靠的是那一张时刻保持着微笑的脸庞。

俗语说："爱笑的女孩，运气不会太差。"微笑是这个世界上最简单的动作，嘴角微微上翘形成一个弯的弧度，只这样一个简单的动作，却可以给人带来春风化雨般的温柔，令人魅力大增。

女人的微笑，则更美丽，同时也是一种教养和涵养的体现。一个女人，也许她不是美若天仙，但只要露出一个轻松简单的微笑，就会让人心旷神怡，赏心悦目。

想要露出迷人的微笑，首先要有一副整齐的牙齿。专业术语里说："微笑时，露出八颗牙齿是最标准和完美的。"掌握不到要领的，可以对着镜子，自行练习；同时，保持牙齿的洁白与美观是很重要的事。

其次，请尽量多练习微笑。赵雅芝在进入演艺圈之前是做过空姐的，空姐这个行业对微笑有着非常高的要求，在练习时，她们嘴巴里会咬上一支筷子，如果你想拥有甜美的笑容，也可以参照此法进行练习。

最后，要发自内心地去笑。你的笑容，一定程度上展露你的心境。一个奸诈的人，没办法拥有迷人的微笑。世界名模辛迪·克劳馥曾说："女人出门的时候如果忘记了化妆，最好的补救办法就是亮出你的微笑。"由此可见，微笑对于女人来说，有时甚至是比化妆品更好用的武器。

生活中有时顺境，有时逆境，在面对逆境时依然能够保持微笑的人，内心是强大的。这样的人，不惧风雨，给人以安全感。

微笑，虽然不能改变你生活的现状，却可以改变你面对生活时所持的心境。一个积极、乐观的人，一定是爱笑的。面对困难，请给自己一个自信的微笑。

赵雅芝的笑容甜美又温婉，给我们留下了深刻的印象。她之所以会成为大家心目中公认的优雅女神，正是因为她有一双爱笑的眼睛，一张爱笑的嘴巴。

作为女人，应时常微笑，别害怕微笑使你衰老，长出皱纹。它能使你的心态更加年轻,让你愈发美丽动人。

爱惜你的头发,拥有一头乌黑靓丽的秀发

拥有一头飘逸柔亮、光泽柔顺的秀发是每个女人的梦想。赵雅芝就有一头乌黑靓丽的秀发,不管是她所扮演的角色,还是她站在舞台上的那刻,我们都为那头秀丽的长发所折服。

女人有多疼爱她的秀发,反映了她可以爱自己的程度。印象中,很多女性在怀孕或是生了小孩后,因为头发难打理,都会选择把长发剪掉,但赵雅芝,即便在怀孕期间,依然顶着一头乌黑的秀发。

女人有一头秀发,会大大增强对异性的诱惑力,也会让你变得更加有魅力。

想要护理好头发,首先要了解自己的发质。油性的头发需要勤洗头,干性的头发需要加强营养。你还可以通过食补来改善发质,平时可多吃一些坚果和绿色蔬菜,坚果和绿色蔬菜中富含丰富的蛋白质和维生素,可以修复损伤的头发,让秀发更加亮泽。

梳发时，不要太过用力，可用梳子从发尾梳至发根，渐次梳通所有头发。

洗发时，要正确使用护发素，轻轻地涂抹，使它在头发上形成一层光滑的表面，使头发摸起来顺滑、柔软。可选用富含氨基酸的洗发水，能在一定程度上改善毛糙、干枯的发质。

选用性能较好的负离子吹风机，吹发时一手持吹风机，一手用梳子梳理头发，逐步吹干。

洗发后，不要湿发睡觉，以免加剧头发的磨损，出现掉发甚至断裂的现象。

如果想要有造型，也可以自己买来DIY卷发棒。

如果想染发、烫发，至少应间隔半年以上。

每个女人都想拥有一头乌黑靓丽的头发，这不仅可以塑造良好的个人形象，还可以给人留下完美的印象。

训练出优雅的体形和姿态，释放女性魅力

培根曾说："相貌的美高于色泽的美，而秀雅合适的动作美又高于相貌的美。"仪态是一种无声的语言，它传递着一个

人的内在气质和修养。

赵雅芝就是女性中优雅的代表,她的一颦一笑,举手投足,都深深地烙印上优雅的刻章,成为她有别于其他女性的明显标识。

赵雅芝也曾说,她小时候的家教是很严格的,母亲从小就要求她"站要有站相,坐应有坐相",而优雅对她来说,正是从小密集训练的结果,到如今俨然成为一种习惯。

她做空姐的两年,又很好地训练出优美的体形和姿态,进而才得以从"香港小姐"的选美中胜出。我们可以通过以下几个方面来训练体形和姿态:

首先是坐姿。端正优雅的坐姿既有益于身体健康,也可以展现出迷人的风采。就座时,背部挺直,腹部收紧,使重心落在骨盆处,切忌跷二郎腿,这样会使骨盆变形,极容易引起女性腹部肥胖,破坏身体的曲线。

其次是站姿。常见的错误姿势是驼背,其日常表现有头往前伸、颈部深曲、圆肩等,驼背既影响个人形象的美观,也容易导致肩部酸痛。你可以通过背墙站立进行纠正,站立的时候,打开双肩,肩胛骨下沉,双脚保持与肩同宽,使后脑勺、脖子、肩膀、屁股在同一条水平线上,双腿保持稳定。坚持下去，你就一定可以改善驼背的状况。

如果有时间，可以选学一门舞蹈。舞蹈是改变形体的最佳选择。舞蹈可帮助女性挺拔身姿，舒展双肩，练出优雅的气质。除了舞蹈，也可以选择健身操、瑜伽等室内运动进行练习。

除以上这些，我们在公共场合，一定要注意自己的形体。要保持端正优雅的姿态，注意个人卫生，不搞猥琐、邋遢的小动作，如挖鼻、挖耳朵、随地吐痰等。

在餐厅用餐时，应注意端正身体，要细嚼慢咽，不要把胳膊随意垫在桌子上，以免筷子碰到别人，保持良好的吃相。

保持良好的形体和身姿，不但可以帮助自己获得健康美好的身体，更能给别人留下美好的印象。

第二章

荧屏红透上海滩

绽放优雅：赵雅芝的人生轨迹

1977年《楚留香传奇》：初露锋芒

"香港小姐"选美比赛结束后，以殿军身份进入无线的赵雅芝，因为错失前三甲，一直没有得到电视台的重视，甚至经常连演配角的机会都没有。直到1977年，她才得到了出演《楚留香传奇》的机会，惊闻男一号是由当时的无线当家小生郑少秋主演，而她要饰演楚留香的情人苏蓉蓉，赵雅芝的内心既惊喜又忐忑。

其实，她的内心一直在等一个角色，一个可以证明她不只是花瓶的角色。苏蓉蓉一角的出现，正合她意。

根据古龙小说里对苏蓉蓉的描写，此女身段婀娜，容颜俏丽，是一位刚柔并济、英气逼人的侠女，最擅长的本领是治病救人、迅速易容，以及配制让人肝肠寸断的剧毒，是楚留香三位红颜知己中最令他心仪的一位。

苏蓉蓉冰雪聪明且善解人意，每次都会在楚留香遇难时出现，助他排忧解难、逢凶化吉，也难免成为香帅的最爱，他曾对人言："我可以什么都没有，但是如果没有蓉蓉，我就真的不知道应该怎么办了。"

而赵雅芝身形俏丽，秀外慧中，23岁的她简直就是活生生的苏蓉蓉翻版。果然，尽管这部电视剧集结了全台的精英，甚至包括汪明荃这样的一姐在内，也仍然没有谁遮挡住赵雅芝所饰演的苏蓉蓉的风采。这部影视史上的经典之作，在香港首播即引发万人空巷的热潮，而台湾方面，甚至取得高达70%的收视率，至今无剧超越。

而赵雅芝也凭借此角，迅速走红，成为台湾人心目中无可替代的苏蓉蓉。

作为一部单元剧，这部电视剧每一集都有一个故事，每集也有不同的角色出现。赵雅芝所饰演的苏蓉蓉出现在《楚留香传奇——铁血传奇》（血海飘香、大沙漠、画眉鸟）中，与香帅发生了一系列的情感故事。

在古龙的笔下，苏蓉蓉是个谜一样的女子，"无物结同心，烟花不堪剪"，苏蓉蓉一出场，就带着一股清新脱俗的意味，而这样灵动秀丽的女子，内心深处却也藏满谜题，她并不只有外表的绚丽，更有丰富的内在。直到最后，古龙先生也没告诉我们她究竟是不是神秘的兰花先生。

但这又有什么关系呢？须知苏蓉蓉一出场，其他的两位女性就变得黯淡许多，较之宋甜儿的娇俏，李红袖的沉静，苏蓉蓉留给人们更多的是她一身绝妙的医术和可以化腐朽为神奇的易容本领。变幻莫测之间，也令人们对她与香帅之间的感情产生疑惑，"庄生晓梦迷蝴蝶"，痴痴傻傻，反反复复，竟也分不出谁是庄生谁是蝴蝶，但终究知道，这正是她的魅力所在，参不透的，才最迷人。

古龙是一个江湖的浪子，所以他笔下的男子，也有着浪子的心情。纵然留恋红尘俗情，却仍然要为命运埋单，与红颜挥手告别，浪迹一生。这样的浪子，哪怕再迷恋一个女人，心也难属于她。对苏蓉蓉，同样不例外。只是她比其他女人多了那么一丝聪慧，可以在他离开的时候等待，在他回来的时候陪伴，能够做到这样的痴心，接受这样的委屈，并不容易。

或许男人都需要这样的三个女人：一个对江湖上的事了如指掌，是他的军师和参谋；一个能烧尽天下名菜，是他的味蕾管理师；最后一个则柔弱多病，不食人间烟火，惹得他付出对一个女人的全部柔情。

楚留香这样的浪子，一生会爱上很多女人，但永远只有那么一个,是可以长存于心底的,这个女子,便是最能懂他的苏蓉蓉。世间的人们都喜欢说,嫁给爱情,不如嫁给懂得;一代传奇才女张爱玲也说:"因为懂得,所以慈悲。"要理解一个人,简直太难了,正如那句"斯人若彩虹,遇上方知有",而这份相遇,却是要拿一辈子的缘分去换的,所以楚留香,爱极了这个懂他的女子,无怨无悔。"曾因酒醉鞭名马,生怕情多累美人。"大概没有男子不喜欢这样通情达理的女子吧。

《楚留香传奇》大火之后,古龙亲任编剧,为郑少秋再操刀两部楚留香系列电影——《楚留香之大结局》和《午夜兰花》,并且拍摄了84版《楚留香新传》四部以及后来的95版《香帅传奇》。

风流潇洒的楚留香,以盗宝绝技闻名天下,但他盗宝只为救难救贫,故被尊称为"盗帅"。他纵情四海,时有美人在侧,坐拥三大红颜知己,其中又以赵雅芝扮演的苏蓉蓉最为怜爱。兜兜转转,楚蓉之恋令人唏嘘不已。赵雅芝与郑少秋也结下了深厚的友谊。

如今,年华老去,世间再无香帅,苏蓉蓉一角,亦成经典。

1978年《倚天屠龙记》：别样周芷若

凭借苏蓉蓉一角走红香江的赵雅芝，不再是那个不起眼的选美女主角，而开始有更多人找她合作。1978年，无线开拍古装大戏《倚天屠龙记》，非常适合扮演古装角色的赵雅芝，顺利地在这部戏中出演周芷若，虽然这个角色并非女一，而她也不是无线力捧的对象，但周芷若这个角色还是给了赵雅芝很大的发挥空间。

我们这代人当然很少看这个版本的《倚天屠龙记》，这部金庸的经典翻拍剧，几乎每翻拍一次都能捧红几个新人。我们这个时代，印象最深刻的该是黎姿版的赵敏或高圆圆版的周芷若。但不管怎样，我们都知道，那个爱着张无忌的周芷若，一开始是善良柔弱的，直至命运的推波助澜，将她变成一个阴险毒辣的蛇蝎妇人。

而赵雅芝就将这个"精分"的过程，演绎得淋漓尽致。因为她既有外表柔弱的一面，内心又很坚韧，所以演起这种变化来，并不生硬。也是因为周芷若这个角色，观众进一步认可她的演技，这部戏让她在香港声名大噪，扶摇直上跃居一线，成为无线炙手可热的新晋花旦。

据说，在香港拍过的三个电视版本的《倚天屠龙记》中，金庸本人也最喜欢这个版本。虽然放在今天来看，因当时的条件有限，拍摄的电视剧场景粗糙、镜头单一，但它仍然成为香港本土的经典剧目。

天性活泼的赵敏由无线当家大花旦汪明荃饰演——不得不说，年轻时的汪明荃，神采飞扬，眼睛黑亮，身上自有一股巾帼不让须眉的干练气质，十分贴合赵敏这个角色。她在剧中的表现非常出色，博得观众的满堂喝彩！而饰演张无忌的郑少秋，一贯的风流多情，凭着俊朗的外表和过硬的演技，演活了那个风流不羁的明教教主。

或许因为演员的表演到位，金庸曾对此版本大加赞赏。能够得到原著作者的褒奖，想必年轻的阿芝也很开心。但这个版本与其他版本不同，它的结局是个悲剧，因为赵敏死了，电视剧最后一集，是发现自己深爱之人竟是赵敏的张无忌，无比孤独而又凄凉地独自对着佳人的坟墓哭泣，想来也是悲凉。

至于为什么一定要"拍"死赵敏，据说那个时代的观众都喜欢悲情剧，尤其是迷恋悲剧性的收尾。这倒不免让我想起七八十年代风靡全国的琼瑶剧，几乎个个走的都是悲剧路线。

值得纪念的是，这部剧是无线翻拍的第二部"金剧"，由于播出效果甚好，金庸很快就和无线展开了一系列的合作。这部剧成功到什么程度呢？有网友形容："是最贴合原著的版本。"

最值得夸赞的还是赵雅芝。彼时，她刚刚进入演艺圈不久，没有太多的演艺经验，却跟一帮"大咖"过招，丝毫都不胆怯，并且充分发挥了自己的长处，将周芷若这个角色诠释得淋漓精致，被网友称赞为"简直就是从原著里走出来的"。

这个版本的音乐也很好听，香港有名的才子黄霑填词，郑少秋演唱，这种气质如今是寻不到了。"情义绕心中有几多重，仇恨又却是谁所种，情愁两不分，爱中偏有恨，恩怨同重……"郑少秋沉沉的声线，唱出一曲江湖远去的意味，听这首歌，那个年代的回忆仿佛一下涌了进来。张无忌的懵懂，赵敏的潇洒，周芷若的温柔，蛛儿的活泼，小昭的灵动……这一个男人与四个女人的一台戏，也在歌里渐渐唱出了意蕴。

虽然有时代的局限，这部剧的情节较为单一，画面也不够清晰，甚至人物的服装都很简单，几乎算不上养眼，可那个时代的美人，可真正是个美人，略施粉黛，一颦一笑都带着一股生动，好像随时能跳出荧屏，走到我们的生活中。

我或许是个老人家，明明出生在八十年代，却偏偏喜欢这一版的《倚天》。彼时的赵雅芝，清丽脱俗，浑身洋溢一股小女儿的风情，将周芷若演得狠毒中带些可怜，既让人恨来又惹人怜。

望着她那一双乌溜溜的大眼睛，你很难想象此时的赵雅芝，才只有24岁，才走进演艺圈不到五年。最适合古装扮相的她，幸运地遇到了古装戏的黄金时代，于是，以她的演绎，为我们留下了荧幕上经典的周芷若。

1980年《上海滩》：永远的冯程程

1980年，一部民国爱情枪战大戏《上海滩》横空出世，迅速风靡整个亚洲。这部剧不但捧红了周润发，也让赵雅芝成功跻身无线四大当家花旦（其他三位分别为当时风头正劲的汪明荃、李司棋、黄淑仪）之列。就是从那个时候起，赵雅芝成为家喻户晓的"冯程程"。

这部《上海滩》风靡到什么程度呢？有网友回答："据说这部电视剧热播之后，不少父母给自己刚出生的女儿起名叫'程程'。我有一个同学就叫'程程'，于是干脆大家都叫她'冯程程'。"就连我的表妹，本名根本也不叫程程，却因为姓了冯,也给自己取名叫"冯程程"。还有网友在网上发帖征集:"你们也有认识的人叫'程程'的吗?"

我估计,那会儿很多女孩都希望自己是冯程程,都希望自己能嫁给那个许文强。

按理说《上海滩》讲的是名利场,是一部完完全全的男人戏,随着那首让人心情澎湃的旋律"浪奔,浪流",一场夹带着名与利、英雄血泪的好戏正式开启。但这"硬"的男儿本色里,因为有了冯程程这个角色的出现,使它增添了一抹花的柔嫩与香气。她就像一株盛放在男人堆里的白百合,那么纯洁无瑕,玲珑剔透。

因此,当赵雅芝扮演的冯程程以一袭俏丽的黄衫出现时,枪林弹雨沾染血腥的上海滩也似乎一下子变得风情万种,安静许多。古诗《西洲曲》中写:"单衫杏子黄,双鬓鸦雏色",大概就是写的这种江南女子特有的柔美。

她出身豪门,身上自有些名门小姐的娇气,但骨子里却坚忍顽强,不会因为外力改变自己的初衷。在她捻着两条乌黑的辫子做学生时,她是善良且单纯的,眼里容不下一丝的杂质;当她毕业后跟许文强摩擦出难忘的火花时,她又是清醒而坚强的,深谙自己想要一个怎样的未来。

这种女人是伶俐的，更是惹人心疼的。

许文强似乎是她命中注定要遭受的情劫，一如初遇杨过的郭襄，那是一个只需一眼便注定要为之沦陷的男子，爱上了，就再也不管不顾。当他像个英雄一样挽救她，又风度翩翩地将大衣披在她柔弱的香肩时，一阵风吹起，她的心，便再也离不开。

冯程程爱上一个人，多像我们第一次去爱别人。那种爱，可以不顾一切，甚至牺牲生命也在所不惜。她认定了他，不管他的处境有多危险，父亲有多阻拦，她对他的人品和才华深信不疑，将自己的全部交付给对面的男子，无怨无悔。所以这样的冯程程，总能唤起我们对初恋的缅怀。

但她的许文强，是经历过太多沧桑的许文强，不像她这样可以什么都不要地投入到爱情里。虽然他也爱她，但隔着一段血海深仇，他始终对她忽冷忽热。面对这样的恋人，冯程程也曾心痛，也曾对月暗自神伤，但她哭过了，依然选择回头，回到他的身边。永远忘不了那天，从机场赶回来的她，步履匆匆地来到许文强居住的地方，带着一肚子心事，小心而焦虑地敲着门。

许文强有感于她的执着，深情地望着她说："不想连累你做寡妇。"而冯程程，她望着许的眼睛没有丝毫的犹疑，气定神闲地回了一句:"你信命吗?我也信,我不怕做寡妇。"就在那个时刻,我们被这样的冯程程感动了吧。

当赵雅芝眼里噙满热泪地望着她爱的人,我们就以为她此刻就是冯程程了吧。

都说"少女情怀总是诗",爱情有什么可美的呢?其实美的不过是那个陷在爱里的自己。没和许文强在一起的她,会独自托着下巴对着窗外发呆,脑海里想的是他们在一起时的种种场景,也会想着有时间一定和他逛上海的老街,品尝最美的食物——而这些,何尝不是我们做少女时会有的心事。

赵雅芝演活了这样一个性情单纯又坚韧的冯程程,因为她骨子里就是那样一个佳人。

许文强逃离上海之后,冯程程从内心深处感到一股骤然失去的冲击,她已爱到不能爱。与父亲的大吵大闹,对丁力的视而不见,都体现出她仍然深爱着她的强哥。

她知道许文强身不由己,但她无法忍受这样的两地分离。于是,她偷偷地不顾一切只身前往香港,去寻找心中所爱——这不异于一个大家闺秀的私奔,想一想,自小接受贵族教育的大小姐,为了一个江湖佬,什么都不管不顾地冲出社会,只为了寻找她爱的人,这是一股多么原始的来自爱情的力量!

冯程程是浪漫的,她远不知上海滩的险恶,才在这场腥风血雨中寻找一段爱情。父亲为她安排的幸福又美满的婚姻,她坚决不要,她只幻想可以和那个人一起细水长流,白头偕老。可当她寻到香港去,终于要见到心上人时,她见到的是一个已经结了婚并带着家人出现的许文强,那一刻。她的心彻底破碎,强忍着眼泪夺门而出,明明心痛到无以复加,却还要逞强地留给对方一句:"我知道该怎么办。"

从香港回来以后,冯程程开始变了,她开始试着接受命运。一个女人对命运最大的妥协,就是肯放弃她的爱情。所以并不是丁力感动了她,最后,她说话算数,真的做了他的新娘。

从感情里得到救赎的她,不再将焦点集中在爱情上。她开始有成长,积极投身爱国文艺活动;对丈夫丁力,也尽到了一个妻子应尽的责任和义务。而当她再面对旧爱许文强,已经不再单纯如当日的小女生模样,她终于懂得:这个世界,不是有爱就能怎样,不是她想要怎样就一定能够怎样。她开始懂得尊重别人的选择,别人的活法。甚至当丁力因为吃醋提着枪去找许文强时,她打电话给许文强时这样说:"我不是关心你,我是关心我的丈夫。你不需要关心,你需要的是血。"她开始明白,乱世有乱世的原则,知道自己该做什么,不该做什么。

离开上海前，前来送行的许文强终于肯屈服地对她说："让我和你一起去吧。"冯程程看了他一眼，摇摇头："当两样东西摆在你面前时，你不能两样都要，这不公平。"这是个有傲骨的女子，纵然曾在爱情里迷失，也终能找到赎回自我的路。

或许，在苍茫的大海上，她会想起自己和旧爱的种种过往，也会为最终的选择发出一声叹息。最后的最后，输赢已不重要，她知道她成熟了，已经可以做那个无敌的冯程程。

女人是在爱情里成长的，这样看来，男人又何尝不是女人的一所学校。从那个口口声声说着"等机缘不如自己去找"的敢爱敢恨的大小姐，到如今的风轻云淡，冯程程通过一场虐恋，修成了更睿智的自己。

从固执地认为相爱就要在一起，到可以任爱随缘，放过别人也不再折磨自己，这是一种爱的境界。还记得当初她和许文强的一场对话。她问他："你有心事？"他吐一口烟圈："我整天都在想赚钱，不知道这算不算心事。"

身份、地位的悬殊，或许一开始就预示着这段感情不会有好的结果吧。尽管许文强也曾想过安静平稳、有妻在侧的日子，可他知道，这终究不是他的宿命。

当回顾这部剧，还能看到赵雅芝优雅从容的微笑，周润发的黑风衣黑礼帽，听着那首熟悉的"浪奔，浪流……"心怀激荡，就能清楚地知晓，任岁月流转，这份感动将永远铭记于心。那个娇美的冯程程，是岁月都打不败的美人。

练习优雅：跟赵雅芝学做优雅女人

刚柔并济，是女人最美的姿态

人生有许许多多的诱惑，因此面对人生，坚持自我，不随波逐流，是女性务必拥有的重要品质。

倘若一个人能认清自己，做人既有温柔的一面，又有刚毅和顽强，始终坚持悦己的信念，势必会得到生活的厚爱。

因参加"香港小姐"选美进入演艺圈的赵雅芝，一开始并没能得到机会的垂青，而是在无线公司的安排下，做着一份平淡的幕后工作。虽然很长时间没有走红的机会，但她不焦躁，不心烦，淡然地面对自己的命运。她始终柔软地对待自己遇到的每件事，每个人，给世界以最真诚的微笑。

同时，她也相信，只要肯努力，她的梦想就一定能够实现。

果然，一部《楚留香传奇》令她揽尽无数风光，在戏里，她是那个亦柔亦刚的女子，用女人的心性感化着香帅若即若离的心。而在《上海滩》里，她饰演了一个骄傲但不傲慢，独立又坚韧的冯程程，面对爱情，她毫不退缩，一直坚守到梦想破灭的最后一刻。她用女性的刚强俘获了众多观众的心，使观众认识到一个敢于为爱闯天涯的大家闺秀。

有很多人说，那已经不是角色本身，而是赵雅芝自己。别看她外表那么柔弱，但她的内心，一直都是刚强的；别看她年轻，她始终很聪慧地知道自己究竟想要什么，能要什么。

人活着就是一场修行，既修炼美丽的外表、优雅的气质，也练就一颗强大的内心。上天对她眷顾，给她一副倾城倾国的容颜，而她则给了自己一颗不骄不躁、温柔又坚定的心脏。滚滚红尘，摸爬滚打，演艺圈的辛酸超乎我们的想象，但她这样一个柔弱的女子，却用实力向更多人证明了自己。

没有机会时，她不断地磨炼自己，并且学会等待重要的时机；当时机到来时，她也能勇敢地抓住，让自己的事业迈向一个全新的台阶。凭着坚定强大的内心，她合理地化解人生道路上的种种困难，最终得到了自己应得的掌声和荣誉。这样的赵雅芝，内外兼修，实在是我们学习的榜样。

你我都知道，无论是优雅的气质也好，强大的内心也好，这些东西的获得都不是一时的，而是随着生活经历、社会阅历的不断增加积累而来。

活着是一场修行，我们应当像偶像赵雅芝一样，磨炼自己的内心，做一个刚柔并济的完美女人。

如何修炼一颗强大的内心

红尘袅袅，人生如梦。修炼一颗强大的内心，保持内心的真诚、独立，是每个女性都应掌握的重要课题。

罗曼·罗兰说："世界上只有一种英雄主义，就是看清生活的真相之后依然热爱生活。"等长大一些，我们才会知道：生活原来并不如我们想象的那般美好，甚至可能会出现让人撕心裂肺极度抓狂的事。

作为女神，赵雅芝的生活也并非一帆风顺，尽如人意。早年她进入演艺圈，做了一段时间的幕后工作人员，虽有出众的长相，可一直也得不到演出的机会。并且早期好不容易接到戏份，却总因为长相甜美，而被观众忽略她的演技，被人称为是不会演戏的"花瓶"。私心想着，芝姐那样一个要强的女子，在面对这些时，一定也曾暗自落泪吧？那时候，她心里一定是有很多的酸楚。

但她没有选择退缩，反而更加坚定地坚持自己的梦想。在世事的变化发展中，她也越来越学会保持内心的强大，让自己变得更加坚强——这是她同世界和解的一种方式。

世界纷繁复杂，而我们在这变化中如何快速找到自己的生存法则，能令自己不受外界干扰，时刻保持内心的淡定，实在是一件迫在眉睫的事。

内心强大的人，懂得自己的需求，不容易为外界的变化所扰乱，自有一份平和与豁达。可以说，内心强大是一种优雅，一种智慧的处世哲学，一种良好的自我修养。那么，该如何保持内心的强大呢？

首先，学会接纳。不要对自己要求过高，要知道"人无完人"，能够尽力做到自己能力的最好，便是难得。不要把眼光放在自己办不到的事情上，如此只会徒增许多烦恼，令自己产生压抑、焦虑的情绪，不利于身心健康。面对无法改变的既定事实，不管多艰难，都要从根本上说服自己去接纳，可以容许给自己一段时间去缓冲，或者采取适合自己的方式去发泄，但一定不要长时间纠结于痛苦的事，让自己一直处于低落的情绪中。

俗话说，"海纳百川，有容乃大"，面对违背自己原则的事，要学会接受，须知"林子大了，什么鸟都有"，允许其他的价值观、人生观的存在，不要局限于自己单一的世界观。要做一个宽容的人。

其次，对一些事情合理地学会无视。你要知道，生活中难免会遇见困难和挫折，每个人都不会是一帆风顺的，因此，不要过分计较自己遇到的难事，而要想办法积极去面对，不要过分沉迷在负面的情绪中。

犯了错误，也不要过分慌张。正确的做法是汲取教训，保证下次不会再犯。要允许自己改过，至少原谅自己一次；学会无视生活中的负能量，内心保持一套自己的价值观。

最后，要学会合理地管理自己的情绪。压力人人都会有，但千万不要受制于它，记住，你是情绪的主人，要管理情绪让它为你更好地服务，而不是它的奴隶。

赵雅芝在接受采访时，就曾透露自己是个非常理性的人，很少生气，即便是再难的事情，她也不会有过多的负面情绪，更不会让坏心情影响自己处理事情。可见，她的优雅和成功，一大部分得益于能够很好地管控自己的情绪。

当你有了负面情绪，有以下几种方法可以帮助你排解：

你可以找一个愿意倾诉的对象，将自己的苦恼对对方说出；也可以放下烦人的手头事，尝试一些自己感兴趣的事，比如看场电影，听场音乐会等，也可以去尝试做一件全新的事，转换下心情。

如果时间和金钱充足的话，也可以考虑一场远足。在大自然里去寻找你内心的宁静，让清风和白云带走你的愁绪。

也可以通过充电来弥补自身的不足。

最后，内心坚强不是一时获得的，而要经过不断的观察与练习，我们通过频繁地与他人交往，通过一件件事可以摸清和锻炼自己的耐受力，在社交中完成自我认知，强大内心。

人一生都是在和自己做斗争，勇于面对脆弱和暴戾的自己，学会适当释放内心的压力，做一个生活的强者。要记住：内心强大不是伪装强大，而是用强大的内心去面对生活里的一切。

学会爱自己，爱能治愈任何伤口

现代社会发展如此之快，当年信誓旦旦的一句："我努力，只因为我想改变世界"；到今天，我们只敢说出："我努力，只因为我不想被这个世界改变。"

面对如此快节奏的生活，我们理应保持内心的热爱，对生活充满热情，才能够做到不被生活绑架，因为——爱能治愈任何伤口。

不管世事如何变化，赵雅芝始终都爱自己。年少时，是家里的乖乖女，从小就懂得听妈妈的话；长大后，又做了别人温柔贤淑的妻子，对孩子尽职尽责的母亲，她的一生，都被爱紧紧地包裹。

生活在爱里的女人是幸福的，更是令人艳羡的。她以一颗纯洁的心灵去面对整个世界，得到的也是整个世界的爱。她的思想不含一丝的杂质。她就如一株绽开的百合，纯白如雪，散发出暗暗的幽香。

她有一双善于发现美的眼睛。或许在一些人看来，小时候被那样严格地教育真是太痛苦了，童年似乎也都不能自由自在。但对赵雅芝来说，那的确是最真挚的父母的爱。因为这份爱，她从小就出类拔萃，想要环游世界便考上了空姐，后又成功入选香港小姐，被观众广为熟知。进入演艺圈后，同样是因为对表演的热爱，她没有放弃对演戏的向往，最终等到适合自己的角色，并不断地努力，用自己的演技征服观众，最终摘掉"花瓶"的评价。而对待她的家庭，她一直用一个女性的爱，去默默地、无私地奉献，对婚姻忠诚，对儿子关怀，是一位十足的贤妻良母。

赵雅芝拥有一颗赤子之心。不管人生路上遇到何种难题，她总是带着一份干净、快乐的心情去生活，去面对周遭的所有。在人生最黑暗的那几年，她没有怨恨，亦没有迟疑，而是依旧相信爱，相信爱情，从而可以再度拥有人人都期盼的幸福。

赵雅芝疼爱自己。她了解自己想要什么，并且在演艺圈从不功利，很多时候都是等到什么角色就去演什么角色，每个角色都力求完美。她从不与人相争，一直保持着优雅的气质，所以，上天亦给她丰厚的回馈，她饰演的很多角色都为观众留下深刻的印象，她更成为几代人心目中不可替代的女神。

每个人都是一座花园，有着无尽的宝藏。热爱自己，才能充分开启和挖掘到这些宝藏。爱自己，不仅要看到自己的优点，也要试着学会接纳自己的不完美。这样，可以让你时刻保持自信、乐观的状态，在人生的道路上，收获无限的风景。

要保持对这个世界的好奇心、探索欲，给自己简单的快乐。世间万物皆有爱，只要你拥有一双善于发现的眼睛；保持思想的独立，知世故但不世故，便能沐浴在爱的阳光里。

思想独立是衡量一个女人成熟与否的标志。成熟的女人，凡事都有自己的判断力，不容易随波逐流，能够活出新鲜的自我。热爱世界，认真生活，热情地拥抱自己的生活，要相信爱能战胜一切恶魔。

　　学习芝姐低调做人的心态，学习她对事物充满热忱的心态，你会发现，这个世界虽不完美，但一样很美好，值得我们付出所有，勇往直前。

第三章　转战台湾，继续成长

绽放优雅：赵雅芝的人生轨迹

《京华烟云》把姚木兰演到极致

"若为女儿身，必做姚木兰。"很多人迷上赵雅芝，就是从她饰演的姚木兰开始的。

《京华烟云》是文学大师林语堂先生的经典名著，被称为当代《红楼梦》，描写的是在中国传统文化与近代文明相互冲击的时代背景下，三大家族的兴衰史。可以说，它是近现代文学史上的巅峰之作。

在林语堂先生心目中，姚木兰是最接近理想女子的形象。她大方、理性、宽容、坚韧、顽强又充满仁慈，简直堪称中国传统女性智慧的代表，从她身上，我们可以看到女性是如何操持家务，处理困难，帮助一家人成功度过危机的。

1987年，33岁的赵雅芝在经过权衡后，最终接演姚木兰一角。她虽已不算年轻，却仍保持姣好的容貌，婀娜的身段，而演戏多年的经验，也帮助她在这部戏中，成功地塑造了从年轻到年老的姚木兰丰富多彩、曲折坎坷的一生。此时的赵雅芝经历过一段失败的婚姻,重新走入一段婚姻,为人妻,为人母,可以说,她在情感上已完成了天真到成熟的过渡阶段,因此对姚木兰的处境更能有感同身受的理解,也就不难想象,她演起这个角色有多得心应手。

林语堂先生之所以将女主角的名字取为"木兰",寓意为外柔内刚。木兰小时候,在一次逃难中,不幸被人贩子拐了去。因缘际会,后被曾家救下,对她的救命恩人,姚木兰可以说是毕生尊敬,一辈子都在衔草结环。而在木兰找到她的亲生父母后,又在父母的要求下,对曾家多了一份顺从。可是她的悲剧,也从这里开始。

木兰的父亲姚思安是一个随遇而安的人,可能因为深受其父影响,姚木兰虽有自己的心上人,却最终没有反抗地按照家里的安排,嫁给了并无感情的曾荪亚。同时又因为她骨子里的顽强,嫁过去之后她并没有消极地认命,而是想用自己的智慧,让一家人的日子越过越好——也正是因为曾家父母看到了木兰身上的这种特点,所以才做主一定要荪亚娶了木兰。

在曾家,不管丈夫给自己多少难堪,她始终对曾家二老言听计从,孝顺有加。在她身上,体现的是中华民族的传统美德——知恩图报,深明大义。

木兰苦心经营着自己的小家,却无奈丈夫为了反抗这桩婚事,背着她找了第三者。面对丈夫的一次次挑衅,姚木兰内心自然是伤痛的,但她并没有仗着自己理直,就随便去大吵大闹,而是一次次淡定地用情感劝说丈夫回头,甚至不顾惜脸面,找到小三,动之以情晓之以理地希望她能回头。可惜,这两个人非但不听木兰的劝告,反而用相爱来向她示威。木兰独自一人承受着婚姻破裂的心碎。一想到这是她放弃爱情换来的婚姻,如今却变得这样糟糕,心怎能不痛……

或许是经历过一次失败的婚姻,赵雅芝演起这个阶段的姚木兰,简直是手到擒来。那一颦一笑,一皱眉一落泪,皆把小说中对姚木兰的刻画捕捉得丝丝入扣。精湛的表演俘获了观众的心。

真正的隐忍从这里开始了。尽管木兰也曾想过放弃,但最终,她坚韧的性格还是令她决定包容两人的胡作非为。为了顾全大局,她答应了婆婆苦口婆心的请求,顽强地维持着这段破碎的婚姻,并竭尽全力唤醒荪亚浪子回头。

虽然,"宽容"这个词,我们今天都在讲它,但若真正做到宽容,却是极难的。宽容不但要求一个人要能从表面对别人客气,更要做到从内心深处接纳别人,甚至是接纳他们为人处世的原则。只有如此,人与人之间才能够和平相处,社会也才能够真正地和谐。

讲到这里其实可以看出,姚木兰身上这个"度",其实并不好把握。演得太过,则显得不大气;演得不够,则显得不真诚。而赵雅芝很好地表演了姚木兰的坚贞勇敢,并且把容忍婚外情的一个度,演到了极致,多一分则过,少一分则不达。这正是她成功的地方。

《京华烟云》的时代背景,还不是很开放的年代,原著中说:"倘若当年有由男女自行选择的婚姻制度,木兰大概会嫁给立夫,莫愁会嫁给荪亚。木兰会公开告诉人说她正在和某青年男子热恋。倘若木兰的热恋发生于今日,她会和曾家解除婚约,但当时的制度还屹立不摇,她的一片芳心虽然私属立夫,但还不敢把这种违背礼教的事情坦然承认,同时,她对荪亚的喜欢,她也向来没怀疑过,所以,对立夫的爱,她只能深深藏在内心的角落里。"于是,在电视剧中,姚木兰承袭了这个不够开放的传统,她身上流淌着的古老的传统美德,令她只能嫁给荪亚。

虽然没能嫁给自己最爱的男人,但姚木兰仍旧凭借一身的智慧，很好地处理了丈夫的婚外情，并且井井有条地打理着整个家族上下，获得了一致的好口碑。而她个人的幸福，也终于等到了。

这部剧获得当年的"金钟奖"最佳戏剧奖，赵雅芝也因成功地饰演了深具内涵的姚木兰一角，而被中国观众喜欢，甚至获林语堂家人称赞，林语堂女儿林如斯就曾说："赵雅芝的姚木兰就是家父林语堂笔下的那个完美女性。"

赵雅芝版的姚木兰，是这部剧史上不可超越的经典。也是从这部戏开始，赵雅芝对演戏有了更深刻的领悟，她懂得一个演员，是应当要把自己深刻的人生体验融进角色之中的，因此，可以说，这部《京华烟云》是赵雅芝演技臻于成熟的标志。

《戏说乾隆》之真情沈芳

"山川载不动太多悲哀，岁月经不起太长的等待。春花最爱向风中摇摆，黄沙偏要将痴和怨掩埋……"每当听到这一曲《问情》，很多人都会自然而然地想起一部戏《戏说乾隆》。这部戏是1991年赵雅芝与郑少秋合作拍摄的。

到这部戏，两个人在演技方面已经磨合许多，甚至对彼此性格、心性也有了一定的了解。赵雅芝在这部电视剧中，一共出现了三次，分别饰演沈芳、程淮秀和金无箴。三女性格迥异，且看赵雅芝如何分别诠释，抓人特点。

　　沈芳初出江湖，就怀着深刻的家仇，她对报仇有一种执念，性格倔强，爱憎分明。初相遇，四爷是在河边看到她打马经过，那幽然的身影，像一束兰花飘入他的眼底。兴许是赶路赶累了，她在河边抬手擦着汗，如此娇俏可爱，不需言语多形容一分。尔后，他们又在蒙古包巧遇，粲然一笑，他邀她一同走走；尔后，又在集市遇到，他笑着对她说句"好巧"……如若不是这种种的巧遇，或许两个人不会产生深厚的情谊。

　　四爷自然是风流不羁的皇家公子，而沈芳也是出自名门，养在深闺的天之骄女。一个独一无二，一个举世无双，在这正当好的年纪相遇，又共同看着正当好的风景，两颗心，越走越近。

　　可后来是什么拉开他们之间的距离，让他们只能天各一方呢？这要从沈芳的性格说起。她是小女儿的心性，心有家仇，但未必有国恨。她或许懂得男女情长，却不懂得世事沧桑。在她倔强的身体里，流淌着的是一股非黑即白的认知，连爱情在她眼前也是如此，爱便是爱，不爱便是不爱，哪里知道，其实很多时候，不是不爱，而是不能爱。

这种偏执，使她注定无法跟四爷共度一生。因为这个男人是属于天下的，心怀的也是天下。

如若不是因为一桩错案，她想必还是那个风光的大家闺秀，过着锦衣玉食不识仇恨为何滋味的逍遥生活。但出了事，她骨子里的血性也被召唤出来，她非要去弄明白，为什么会发生这样的冤枉事，一股深深的恨意，令她顽强地等到了四爷出现在她的生命中。

四爷见过多少奇女子啊，可他还是被这样偏执的沈芳给感动了。他对她生出一股自然的怜悯与同情，姑且将这认为是爱吧，因为爱情的本质，就是有所牵挂。所以，他日夜兼程赶去承德寻她。

但当他明白她心里的冤情后，对她开始多了一层愧疚。毕竟，她这可怜的身世，竟是因他而起。默默付出所有去守候沈芳的四爷，终于感化了沈芳。那一夜，就着天上的明月，孤傲的沈芳对四爷吐露真情："其实伤人最深的不是血债，而是情，血债有得讨，而情债却无从说起。"

说出这番话，她便是动了心。再看饰演沈芳的赵雅芝，一双眉目饱含春情,可因心底有心事,这眉目又多出几分犹豫,她真是将一个小女子的爱恨情仇,在那一刹那表现得淋漓尽致。

而四爷呢?他听了这番动情的表白,几乎就要对她说出自己的身份了。但他终究忍下了,因为他不确定,说出口之后,他们的感情是否会比现在更加复杂。

沈芳要四爷相助,帮她一起寻皇帝的血债,四爷爱到心痛,几乎是含泪答应。可当他给她答复时,她却不见了——原来,为了避免可能会出现的被拒绝,她先拒绝了他。这多像《东邪西毒》里的欧阳锋。可正是这一"逃",也反映了她小女子的心性,因为爱到怕失去,所以主动放弃。真是傻乎乎,真到不能再真的沈芳。

可以想象,为何四爷会如此爱沈芳,只是因为他在她面前,感受到了那股自己早已失去的"真诚"!在沈芳面前,自己好像是一个满腹算计的复杂人,已经活得不那么畅快淋漓,沈芳就像一面镜子,照进他内心深处,照出他的脆弱。

沈芳终究是爱四爷的,可因为他的身份,这场爱,注定万劫不复。赵雅芝将一个心情复杂的江湖小女子,演绎得栩栩如生,她在四爷面前总是满腹的心事,但仍然由着性子对感情直来直去,一点都不做作。这份真,俘虏了很多网友的心:"沈芳,怎一个真字了得!""沈芳说,桑间蒲上,两情相悦,这种事可以生死相许,高高提起,也可以淡然一笑,轻轻放下。她豁达,她洒脱,她'不是那种要说法的俗人',四爷对于她,应该是忘不掉,但放得下的吧。"更有人总结:"紫禁城不适合沈芳,大漠孤烟直才是好归宿。"

到最后,她终于还是知道了他的真实身份。几乎是使出浑身的力气,她朝他刺去一剑,这一剑,不为置他于死地,而是要给自己一个交代,这么多年,她苟且地活着就是为了等这一天。而他呢,以手接剑,剑锋划破手掌,同时也彻底刺痛她的心。

好在沈封来了,她给了自己一个不必报仇的完美理由:报不了仇。但其实谁人不知,她心里根本就不想要报这个仇。

最后,她说:"我们以后都不会相见了吧?"不等他回答,她又说:"天涯海角我会记得你的,四爷。"

回到京城的四爷,坐在金銮殿提起沈芳时说:"我欠沈芳的。"——他不只欠了她血债,更欠了一份情债。

相见不如不见。

赵雅芝,演活了一个初出江湖的年轻女子,偏执,刚烈,就像十几岁时的我们。

《戏说乾隆》之洒脱程淮秀

在这部戏里,再次见到赵雅芝,是由她饰演的盐帮帮主程淮秀,侠肝义胆又柔情似水,身上既有不输男儿的豪气,亦有女儿该有的温柔。这样的女子,四爷当然会爱。

竹林初遇,程淮秀露得好身手,让四爷惊呼江南竟有如此英姿飒爽的女子;夜下救人,他又见识到她骨血里的侠肝义胆……如果爱是一场博弈,那么几个回合下来,四爷已是程淮秀囊中之物。

相比沈芳,程淮秀是心怀盐帮的大女子。她胸中不只有自己的儿女情长,更有盐帮的兴衰。她出身江湖草莽,发誓身许盐帮,纵然爱上了四爷这样雄伟的男子,也照样回一句"有缘自会相会",淡定从容之间,有不拘小节的男儿气度。

在名园,他终于得机会见识到她的真面目,嗬,没想到竟是这样清秀迷人的红颜,那一刻,好感骤增。

她到底是怎样一个女子呢?凭着一身高强的武艺,一颗侠义之心行走江湖,她是答案,也是谜语。在旱湖,他故意要探她的虚实,与她谈起酒,没想到她侃侃而谈,令自己也无从出口。那一刻,他终于忍不住地向她表白。

可该怎么在一起呢？初相识他还只是一个四爷，可再相遇他已经是万人之上的皇帝，她知自己是断然不会进宫的。而四爷何尝没有想过他们的结局，在曹大人提议"进，淮秀进宫；退，相忘于江湖"时，他因为知道她的脾气，也只能叹息地说："相忘于江湖，不好。"但他终究不能就此放弃，于是时时惦记着，要带程淮秀进宫，并且把自己贴身的玉佩相赠，作为定情的信物。

但这个女子太清醒了，她知道自己要什么，当她寻到京城，看到心爱之人就坐在高高的宝座上，她当即领悟："眼前的四爷，已经不是在江南时的四爷。"最后分别时，她对他说："皇上，你生于宫殿，长于宫殿，从宫殿出来再回到宫殿里。而淮秀呢，生于草莽，长于草莽，从草莽出来自然要回草莽里去。"是咬定了他们不管多相爱，也只能"相忘于江湖"。

他留在紫禁城，在雕梁画栋的屋子里继续做皇帝；她则回了江南，在腥风血雨的江湖继续当帮主。从此，"刘郎已恨蓬山远，更恨蓬山一万重"。

一个大气的女子和一个小气的女子当如何区分？功夫就在细节里，赵雅芝全演活了，甚至很多人因为程淮秀，也深深地爱上了秋官，以及故事里这一对未能成双的璧人——迷上秋芝，是如此猝不及防的事。

如果再看这部电视剧，想必此时已经长大的我，已能够懂得这一对璧人相互之间的心情。我们不该因为出生晚，而错过那个年代的一部好戏。或许只有认真体味，才能领悟歌词中所唱的"爱到不能爱，聚到终须散"，究竟是一种怎样无奈的心境。

忘不了盐帮大堂旁那送别的小屋，淮秀秀眉轻蹙，面带娇羞却目光坚定："旱湖之约，终生不悔"；忘不了在京城街市上，四爷的失魂落魄，声嘶力竭地叫着"淮秀，淮秀"；忘不了告别之后，一个留守殿堂，一个相忘江湖，一段情就此结束……纵使帝王又如何？坐拥江山，万民敬仰，但他却得不到一份想要的爱情。

《戏说乾隆》之淡泊金无箴

金无箴，赵雅芝在这部戏的最后一个角色：聪慧、冷静、有胆识，柔软、正义、有心计，她有大家闺秀的举止谈吐，即便被抓到土匪窝也还是满口斯文；又没有死板的教条规则，不但能接纳土匪的存在，更能私下里交朋友，简直有些《神雕侠侣》里"小东邪"的意味。

在一个深夜里,已经做了皇帝的四爷来天牢看金无箴,他胜券在握地问了她几个问题,而她每个回答都让他意外。他没想到这个女囚,不但有一定的文化底蕴,还懂得世俗的道理。这一问一答,彼此的情感得到升华。但问着问着,更出乎意料的事情发生了,她竟然对他说"不能说"——这个不能并非不愿,而是有苦衷。这样的回答,是有智慧的交流,也是有诚意的交谈。

这倒勾起了乾隆的好奇心,问她:"怎么才能讲呢?用刑吗?"她却又满不在乎地像开着玩笑:"不妨一试。"到此,乾隆彻底见识到这个女子的孤傲与坚持。

他走了,出乎意料地带着对一个女人的爱离开天牢。短短一个时辰的交谈,她已用智慧和美丽,打动他的君心。

她来到皇宫,甚至跟乾隆发生纠葛,也只是因为想要搭救岑九。虽然她喜欢皇帝,也深知皇帝喜欢自己,但她更清楚后宫佳丽三千,皇帝不可能只忠于一人。所以,如果不是因为岑九,她决然不会让自己留在深宫。

对于女人来说,究竟应该选一个爱自己的还是自己爱的?金无箴给了世人一个很好的答案。她太聪明了,聪明到知道乾隆因为喜欢她，可以饶她不死；而岑九却可以为她付出生命。两种程度的爱，她选了后者。

虽然岑九只是一个大字不识，粗鲁又不懂江湖规矩的粗人，但金无箴还是将他当作知己，就因为她"知世俗而不世俗"，既懂入世也懂出世，眼里没有那么多的条条框框。这样的金无箴，才是真正做到了潇洒。

那么，乾隆皇帝知不知道这点呢？他心思缜密，当然不可能不懂得。

说到底，岑九是为了金无箴才投案自首的，他的举动感动了金无箴，也震撼了乾隆。在这段爱情里，没有身份地位的悬殊，而只存在两个男人之间的较量。岑九可以为了金无箴舍弃生命，乾隆呢，走到这一步，胜负已定。

或许是考虑到江山社稷的稳定，或许是考虑到皇族的颜面，或许仅仅为了金无箴，乾隆最终释放了岑九。这一放，他明白自己也将彻底失去金无箴。

纵然金无箴这样心大的女子，也不敢选个帝王做爱人。她要的是江湖上的逍遥，要的是一份破釜沉舟的深爱。她与乾隆皇帝，注定只能是分别的结局。

值得探究的是，在拍《戏说乾隆》时，是赵雅芝主动要求一人分饰三角的,她说:"要么三个都演,要么就都不演。"这三个角色,她最喜欢的就是金无箴,理由是:"她没那么多心思,专心自己的刺绣,忠于爱情就选择了自己的爱情。其他两个,有太多无奈了。"

赵雅芝一人演活了三个角色,沈芳是"真",程淮秀是"洒脱",而金无箴是淡泊宁静。仅凭一己之力,赵雅芝将三个女性不同的特点完美地呈现在荧幕上,塑造出女子三种截然不同的个性,她的功力,实属深厚。更难得的是,三个角色分别"笼络"住三份人心:有人喜欢沈芳的敢爱敢恨;有人喜欢程淮秀的潇洒如一;有人偏爱金无箴的出世入世,宁静致远。明明是一个人演的,却能够有不同受众喜爱——这,是赵雅芝的厉害之处。

荧屏倩影,三花生香

《帝女花》,又名《乱世不了情》,是根据广东同名大戏改编而成,由赖建国执导,赵雅芝、叶童等主演的古装爱情电视剧。

该剧讲述明朝皇帝崇祯为六女长平公主选驸马，最终选中了左都尉之子周世显。孰料，其间发生政变，当周世显进宫时，只见遍地尸骸，公主下落不明……

赵雅芝在这部剧中饰演长平公主。在网上找出她当年的剧照来看，柔而不魅的眼神，优雅华贵的古典气质——不得不说，赵雅芝实在太适合公主的扮相。

这位公主，是位心高气傲的公主。不但长相颇美，性情亦十分坚韧。生逢乱世，国破家亡，又遭父王赐死，却仍然顽强地存活下来。赵雅芝以深厚的演技，将这种历劫九难十八劫的转变展现得很到位，又将公主对驸马的误会与深情，那种撕心裂肺的纠结，演绎得十分动人。

复杂、戏剧性极强的人物非常难演，要在一言一行、一颦一笑间做足戏码。赵雅芝可谓是成功地塑造了这一角色。

正所谓"去国离乡整十年，于今衣锦返家园。采得百花成蜜后，香魂一缕上青天"。这是一个十足悲伤的故事。长平公主虽为女流之辈，却心怀家国。她早已决定在了却自己的心愿后，以身殉国，奈何放不下心中深爱的驸马。可她不懂，驸马早已看懂她的心事，在经历了国破家亡的惨痛后，他的心中早无苟活于世的打算，于是决定与妻双双殉国。

到今天，对那场两人于洞房花烛夜殉情的桥段非常深刻。赵雅芝将一个走投无路不舍情郎却又淡定赴死的公主形象，演绎得活灵活现。一句"合卺交杯墓穴作新房，待千秋歌赞注驸马在灵台上"，将两人的感情道尽，也让身为观众的我们心碎。

印象中同样深刻的，还有任剑辉、白雪仙合作的《帝女花之香夭》，两位粤剧的老戏骨，将这段词唱出了低调而绵长的悲伤，令我第一次听的时候就爱上了。"泉台上再设新房，地府阴司里再觅那平阳巷。"双双赴死的情节，既看出公主的决心，也看出驸马的爱意，唱词铿锵有力、抑扬顿挫。

值得一提的是，叶童在这部剧中，首次女扮男装，饰演驸马爷。丰神俊秀的外貌，令人遐想。

最后，长平死了，她在自己的新婚之夜，自杀身亡。这是她的宿命——她是前朝的公主。赵雅芝演绎了长平十年的成长路，小时候是集万千宠爱于一身的公主，长大后是极度落魄为新朝廷追杀的公主，最后是死在自己手上的公主。三种完全不同的神态，她演起来栩栩如生，把握住了每个阶段公主所应有的状态。

《帝女花》是"三花"系列的第一部，在第二部《状元花》中，赵雅芝也有不俗的表现。

北宋末年，富商庄宝贵的原配梅芳和妾室巧珍，同时生下两个男孩。算命先生断言，原配梅芳的儿子以后乞丐命，妾室巧珍的儿子贵祥以后状元命。

妾室喜欢搬弄是非，将家里搅得鸡犬不宁。参将李沂的女儿娇红秉性聪慧，续弦李氏的女儿月娥嫉妒泼辣，两个人原本相安无事，却在李氏的挑拨下，不断发生纠纷，令乖巧的娇红受尽委屈……故事就在这庄家的两个男孩和李家的两个女孩之间展开了……

赵雅芝在里面饰演乖巧聪慧的娇红，她外柔内刚的性格也非常适合这一角色。叶童仍然女扮男装，饰演娇红日后的夫君。要是想看芝童经典组合的，这部剧当然不能错过。

《状元花》是"三花"系列中唯一的一部大团圆，两段姻缘啼笑皆非，是这部戏非常重要的看点。虽然是20年前的老剧，但剧情和对白却一点儿不过时，诸如大众食堂就是现在的自助餐模式，里面的很多设定也都很正能量，和现在的一些电视剧可相媲美。

因为是非常欢喜的节奏，所以这部剧看起来比较轻松。

"三花"系列的最后一部，就是根据《王魁传》所改编的《孽海花》。

南宋年间，忠臣都统王师松遭奸相崔贵陷害，以通敌叛国之罪被判满门抄斩。次子王仲平侥幸逃脱，逃难过程中幸得花魁焦桂英相救，后在桂英的帮助下，勤学武艺，要为王、焦两家报仇。两人日久生情，拜堂成亲。

仲平为报仇，化名王魁，后金榜题名与相国千金完婚。就在这时，桂英撞见仲平与相国女儿出游，几番误会对峙后，桂英终与仲平渐行渐远，最终对簿公堂。眼见情感无望，伤心的桂英跑到两人曾共同起誓的海神庙内，悬梁自尽……

叶童所饰演的仲平是这部剧里的悲情人物。自小身负杀父之仇，他活得并不快乐。遇见美丽而善良的桂英，黑暗的人生才绽放出一丝的光华。可是为了完成复仇的使命，他不得不离开妻子，去巴结更高的权贵。

可能是上天有眼，一举金榜题名后，他被相国的千金看上了。相国的千金并不知道他的打算，只是无缘由地深爱着他。可是桂英呢，一次次误会了他的感情，最终两个人对簿公堂。无奈之下，伤心的女子在当初两人发誓的寺庙，自尽身亡。

桂英死后，仲平的悲剧才真正开始。他从此活在难言的伤痛与恐惧之中，夜夜笙歌，纵情声色，用这种醉生梦死的生活来麻痹自己的心。然而，他却是孤独而绝望的，他痛恨命运为什么把属于自己生命里的最后一道阳光都夺走,这样想着,恨着,他终于犯下了不可饶恕的罪过……

倘若,因为桂英的出现,他能忘掉灭门的惨案,一门心思地厮守与桂英的小日子,或许,他的命运,就不会如此悲惨。

"三花"系列,是非常不错的电视剧,赵雅芝的表演也越发炉火纯青,芝童的合作,成为不可忽视的经典。其中,对手戏最好看的,便是这部《孽海花》。但很多观众不知道《新白娘子传奇》之前,芝童还有如此多的合作,想要回顾两人经典的,大可以看看"三花"系列。

风雨江山阿房女

对秦始皇和阿房宫的记忆,来源于上学时背诵的《阿房宫赋》。阿房女长什么样子并不知晓,直到看过赵雅芝与刘德凯合作的这部《秦始皇与阿房女》。

"公元前221年,嬴政初并天下,立为皇帝,分土三十六郡,东及朝鲜,西至临洮,南趋越南,北抵东辽,版图一统,底定华夏。"是这部戏的结局,又是一个红颜拦不住君王要称霸的故事。

忽而想起那首歌"爱江山，更爱美人"，但现实也有很多人，是更爱江山的。38岁的"高龄"，赵雅芝去演了一个玉质天成的少女。她拖着长长的红裙，自宫殿下方拾级而上，芙蓉面，柳叶眉，露出一抹娇嫩的笑——这样的美人，让众生失色。

"覆压三百余里，隔离天日。骊山北构而西折，直走咸阳。二川溶溶，流入宫墙。五步一楼，十步一阁；廊腰缦回，檐牙高啄；各抱地势，勾心斗角。"在杜牧文章里出现的这个建筑物，名字叫作阿房宫。气贯长虹的背后，却流传着一段"阿房，阿房，亡始皇"的历史传说。

一切还要从邯郸街头那对"少年不识愁滋味"的少男少女说起。这对异国的男女，因为街头的一次邂逅，彼此为对方留下惊鸿一瞥的身影。那时的爱情，一如十几年前我们所能望见的天空，纯情而不掺一丝杂质，令人回味无穷。

如果嬴政一直都是那个不需要做皇帝的小木匠，那么阿房的一辈子，注定简单而快乐。可是，后来，在她进宫以后，她明白了。她的小木匠已经不复存在，或者说，根本从来没有存在过——那不过是少年秦王用来掩饰身份的一个托词。他现在的事业是要称霸六国，一统江山。再也不能像个无赖，围着闹着逗她笑。但她心头忘不了的，是那个儿时的伙伴，她也曾对秦王说："在邯郸的一点一滴，一举一动，都不曾离开过我的记忆。"

这段感情终是不被承认的。太后不喜欢阿房。阿房自己也在留恋她的小木匠。于是，这段感情躲躲藏藏，纠纠缠缠，终于还是分崩离析。她向往的是民间的欢乐，普通情侣的简单的快乐。而宫里的勾心斗角令她害怕，于是不得不出逃。她甚至想要嬴政忘掉自己，重新开始属于他的生活。

没办法，阿房知道自己生来不属帝王家，芸芸众生，她要的只是一个可以栖身的家园。38岁的赵雅芝，将一个年轻的采药女，面对爱情的那种纠结与痛心，演得丝丝入扣，十分逼真。很难想象她已为人母，对小女孩的爱情竟还保持着如此灵敏的反应，我想，或许是第二段婚姻滋润了她吧，让她面对爱情时，可以保持一份纯净的感觉。

而秦王呢，他的内心想必也很痛苦。统一六国是他的夙愿，和阿房相守一生也是。面对命运的安排，他只能要江山。但在他心灵深处，其实一直都深藏着一个小木匠的梦。在战场上，他曾放了一个曾经当过木匠的男人。看着他怜惜地拥着自己的妻子离去，他的眼里充满了悲悯，那一刻，他一定想到了自己最心爱的女人阿房!

可她最终还是死了。临别的时候,她对他说:"血路之上,尸骨累累,多我一个又何妨?"她的心思那么缜密,已经明白此时的秦国已是一辆不可阻挡的战车。纵然嬴政爱她,可自古江山与美人不可两全。与其说她的死是为成全秦始皇一统天下的决心,不如说她是看穿了这段感情的无望,用死去寻求下一份感情的圆满吧。任她的男人多么渴望一展宏图,实现天下的统一,她始终都是那个渴望获得爱情,有自己小家的小女人。

诗经有云,"美目盼兮,巧笑倩兮",这句话适合这部剧里的赵雅芝。

练习优雅：跟赵雅芝学做优雅女人

剖析自我，找到自己的位置

对人而言，除自己以外，这世间的一切都是外物，人活着的意义就是完善自我。人是具有社会属性的动物，人活着的每天几乎都免不了要与他人交际，在这个过程中，如何从复杂的外界，找到属于自己的位置，认清自己的想法，是最重要的。因为只有这样，才有可能发挥出自己的重要价值。

有自知之明的人大都清醒、客观，通常能够熟知外界变化的规律，知道自己该做出怎样的选择，从而寻找到一条最适合自己发展的路。

赵雅芝就是这样一个对自我有着清晰认知的女性。她能够在演艺生涯最辉煌的时候选择退出，回到家庭里安稳地相夫教子，就足以看出她的魄力。

同时，在自己大火之后，面对一系列片酬不菲的电影片约，她亦能忠于自己喜爱的电视事业，毫无压力地婉拒，并且踏踏实实地做电视。这是一个太清楚自己想要什么的女人，她太懂得自己想有怎样的演艺生涯。

这样独具慧眼的女人，可以一针见血地看穿问题的本质，她们热衷于在生活中发现真实的自我，不断地优化、提高自己，用更强的能力来适应外界的变化，从而将自己塑造成一个乐观向上的人，绽放出无限的魅力。

那么，作为女性，对自己应该有怎样更为深刻的认知呢？首先你要了解自己。最直接的方法，你可以通过一系列的自我观察，来了解自己，比如观察自己的言行举止、情绪变化等；间接的办法是你可以通过他人的评价来了解自己，平常可以请朋友们为自己提些建议，毕竟"不识庐山真面目，只缘身在此山中"，别人看你，可能有时要比你看自己更清楚一些。在发现自己对应的不足后，可以通过后天的练习和培养加以改正，比如可以多读书，改善下自己的情绪等等。不断地总结和归纳，可以更好地认识自己，使自己的人生得到升华。

其次要学会发现自己的长处。这可以结合老师或领导的评价进行理解。也可以拿出一张纸，在左右两列分别列出你的优点和缺点，一一对比，加深印象。对优点方面，要加强和巩固，争取能够继续放大；而对于缺点，要试着改正，虽然修正自己的缺点是件很痛苦的事，但也要有毅力地慢慢去尝试。

学会使用一些常用的交际用语，这可以帮助你维持更好的人际关系，从而避免自己陷入尴尬的处境，甚至落入别有用心之人设置的陷阱。学会倾听，切忌喋喋不休地发表自己的意见，要认真听取他人的意见和建议，积极完善自己的不足。这在一定程度上也可以帮助你认清自己在团队中的位置。

保持思想独立，不迷茫。对未来有清晰的打算，有心中坚定的目标，对自己有较为准确的判断力，不过分将别人对自己的评价放在心上，以免影响自己的发展。时刻保持一颗清醒的头脑，懂得对自己的选择负责。

做生活的有心人，善于观察周边的环境变化，善于归纳总结，用成熟的思想指导自己的行为；做一个有主见的女人，不为他人的思想左右，并且相信自己的能力，对未来充满信心。

做一个有大智慧的女子，不管在生活、爱情还是工作中，始终能够找准自己的位置，充分发挥出自我价值，最终收获幸福。

不惧困难，不对这个世界妥协

人生如海浪起伏无形。人生如同一场冒险，充满了刺激和挑战。

人生并不是一帆风顺的。当面对困难甚至艰险时，要有势如破竹的勇气，是的，虽然坚持下去，谁也不知道最后究竟能否真的等到彩虹；但若不坚持，人生自此将一片黑暗了。

赵雅芝是乖乖女，非常看重家庭，所以在她21岁时，就早早地嫁了人。但是她怎么也没能想到，这段她看好的婚姻，竟很快出现裂缝，由于她跟丈夫没有共同语言，生活过得十分疲惫。那阵子，她整个人的状态差到了极点。因为有两个孩子在，自己还有一份为人母的责任，所以她苦苦地支撑着。但后来她在接受采访时说："很压抑，连累工作也很累，整个人都很累。"

但这样黑暗的现实，并没把她打倒。两个孩子也不是继续维持失败婚姻的理由。在1984年，因为工作的关系，她认识了疯狂追求自己的现任。经过将近一年的磨合，她终于在1985年重新走进婚姻。直到现在，他们夫妻俩还总携手出现在一些公众场所。每当谈到老公，赵雅芝都是一脸幸福的小女生相，可以想象，这段爱情带给她许多的滋润，令她的生活变得更加丰富多彩。

永远不怕有一个全新的开始。在失败时，你要保持一份"归零"的心态，保持一股坚韧不拔和永不退缩的精神。

俗话说："万事开头难"，或许我们不知道迈出这一步，自己是否能够迎来光明的未来，但如果不去尝试，你将连最后的一点希望也无法拥有。

除此之外，勇敢向现实发出挑战，还意味着，你要能够克制住自己的坏脾气和负面情绪，不让那些既定的悲伤事件影响到你。相信离婚这件事对赵雅芝的打击也是很大的，因为她是那么看重家庭的一个人，但她并没有选择臣服于悲剧之下，而是毅然地站起来，追求新生活。

同时，要保持一种不卑不亢的心态，既不卑微也不高傲，不管走到何种境地，都要勇于捍卫属于自己的尊严。对于离婚这件事，可以想象，那时的赵雅芝已经走红，对于一个明星来说，她的离婚事件一定会被娱乐记者炒得沸沸扬扬。但女神不惧这些，她清楚她要为自己争取一份可以被信赖的爱情。她甚至为了争夺两个孩子的抚养权，不惜与前夫对簿公堂。赵雅芝是柔弱的，但要涉及她的利益问题，她一定会挺身而出，为正义而战。

　　保持强大的战斗力,持久的耐心和高度的自制,永远不对这个世界妥协,如此才可在繁华的世界中,看清自己,得到幸福。

　　拥有坚持到底、内心强大的品质,以勇敢的心态迎接不可预知的变化,才可使人生之路走得更加淡定,充满智慧。

第四章

传世经典白娘子

绽放优雅：赵雅芝的人生轨迹

《新白娘子传奇》不可替代的白素贞（一）

1992年，赵雅芝应邀出演《新白娘子传奇》。当时，已经38岁的她，依旧美丽优雅。电视剧一经播出，立即火遍全国，而由她饰演的白素贞更成为无数人心中的经典，无法超越。

纵观赵雅芝在演艺圈的发展，总体来说也算顺风顺水。早年，在她尚未对自己适合塑造哪种类型找到定位时，曾在许鞍华的电影《疯劫》里饰演一名女反派，演技得到了导演和观众的一致称赞。如果她愿意，她绝对有能力成为商业片文艺片里的一代影后。

但她却对机会更广、荣耀更多的电影市场说了再见，转而投身电视剧。从《上海滩》的冯程程到《京华烟云》的姚木兰，从《戏说乾隆》的程淮秀到《新白娘子传奇》里的白素贞，赵雅芝将温婉秀美、外柔内刚的女性角色发挥到了极致——不得不说，她是一个太过聪慧的女演员，太了解自己的长处。

可能有人会说,她只是知道自己只适合演这种类型的角色吧。但其实35年前,她也在《女黑侠木兰花》中饰演过一位女打手的角色,并且当时为了演好这个角色,还曾专门拜师练习武功,如今再看她以63岁的高龄,参加湖南卫视《我们来了》,在节目里竟和小自己两圈的后辈们打拳击比赛,做各种剧烈的运动,可以窥见当年她也是一枚响当当的打女。当然,这还不是最重要的,"打女"赵雅芝还凭借木兰花的角色,在东南亚红透半边天呢。

但这些角色终不如冯程程、苏蓉蓉、白娘子更深入人心。我想,其中的缘由大概是因为赵雅芝的倔强——她只愿意做她认定的事。

她19岁进入演艺圈,21岁便成婚,演艺圈有可能为她带来的风光,并没阻挡住她对家庭的渴望——《上海滩》开拍时,她已经有了身孕。在因为"冯程程"一角大火后,她非但没有趁热打铁多接几个角色发展事业,反而选择了回家生孩子,并且中间因为顾家,几度推掉片约,直到孩子长到3岁,才开始返回演艺圈。

这个不按常理出牌的赵雅芝,是心中总有自己所想的赵雅芝。

《新白娘子传奇》大火之后,又是这样,荧屏内外不见她的消息，仿佛人间蒸发了一般，但其实她是做完自己该做的工作，踏踏实实回家相夫教子去了。

接拍《新白娘子传奇》，赵雅芝对老板提了唯一一个要求：每拍十天必须准她放假，理由是她要回家陪孩子们做功课。

或许正是她这种"知足"的心态吧，老天以丰厚的奖赏回馈了她，一部《新白娘子传奇》，为她带来几十年长盛不衰的人气。甚至有不少网友说："赵雅芝凭借这一部戏，可以吃一辈子。"

正如她的外表贞静谦和，即便身处娱乐圈，她的内心也从不功利，这份心境，实在难得。可见，人与天之间或许存在一个不可言说的约定："你若淡定，幸福自来。"

这部戏，也成就一段姐妹情，几个月的拍摄相处，她以温柔的性情征服了饰演丫鬟的陈美琪和饰演相公许仙的叶童。现在看这三个女人，不管其中一人走到哪里，你总会不自觉地想起另外两人的影子，好像她们注定要永远在一起。

最近几年的跨年、新年晚会，总是不断重现"新白剧组"20年大重聚的主题。去年，赵雅芝也和陈美琪相约出现在江苏卫视的跨年晚会，那一刻，几乎所有的观众都沸腾了，粉丝们在台下疯狂地大呼"芝姐""芝姐"，而台上的白娘子和小青终于重聚了。

看赵雅芝和陈美琪的眼神交流，你会相信她们台下也有着甚好的私交，真是一对从荧屏里走到生活中的姐妹。这其中也饱含了赵雅芝的聪慧。凭借白素贞一角大火之后，她并没有疯狂地参演更多作品，也没有接拍更多广告，而是沉下心来，回到真实的生活里——一个不功利的演员，是这个世界最难得的佳作。赵雅芝以她出世的智慧，牢牢地征服了所有人的心。

知乎上搜索"如何评价《新白娘子传奇》"，一个网友给出的回答是："赵雅芝太美了！"还有网友说："芝姐是一个对演戏'宁缺毋滥'的人。她所饰演的每一个角色都是自己认可或自己喜欢的，也就是说戏中的人物其实有很多品性跟她本人相似或者产生共鸣。《新白娘子传奇》成为经典离不开芝姐、琪姐等所有人的努力。芝姐对白娘子最大的共鸣首先就是母爱。当时年过三十的她已有了三个孩子，并且都是亲力亲为地陪伴孩子长大，其中付出的伟大母爱应该是她这段息影时间里最大的感受。第二当然是爱情。在和黄锦燊重新组成了新的家庭后，芝姐真正深刻地感受到了爱情所带来的幸福，而与白娘子宁愿放弃千年的修行而追求缠绵人间的心紧密地黏在了一起。十年修得同船渡，百年修得共枕眠。"这么说来，或许成功演绎这个角色，也有一定的时机成分吧。

但是，不管怎么说，《新白娘子传奇》播出20年之后，还能在荧屏上再见到她那俏丽的身姿，已是一种前世修来的福气。

《新白娘子传奇》不可替代的白素贞（二）

一条修炼千年的白蛇，原本一心想要得道成仙，可却因为要寻找一千年前的救命恩人，不得已暂时停止求仙之道。遇到姐妹小青以后，两人一起寻找恩人。原本打算报了恩就一起登仙界，可却没想到自己与许仙产生爱情甚至生下孩子，在人间结下一段令人回味无穷的人蛇恋。

抛开这个故事的传奇性，我们来说说人们为什么会喜欢白素贞。首先，从她的外形上来说，白素贞是美的，她与许仙初遇的片刻，凝眸相望的一眼，不仅震惊了痴痴傻傻的许仙，更令电视机前的我们忍不住发自内心地赞叹："啊，这世上竟有如此美貌的女子！"若你仔细观察赵雅芝的长相，会发觉年轻时的她美则美矣，却少了那么一丝成熟女性应有的韵味，而时年38岁的赵雅芝，温婉大气，身上又有一种母性美。可以说，白素贞这个角色简直太贴合她此时的条件了；其次，白素贞的性格很温婉，集中国女性所有的优点为一体，是中国女性的理想化。男人爱她这样贤妻良母式的女子，女子渴望成为和她一样的人；最后，她身怀绝技，能够陪着丈夫许仙一起吃苦，在他落魄的时候也绝不离弃，总是陪伴爱人化解人生的一道道难关。这种不管发生什么都不会分开的坚定，可能更吸引人。

中国有句古话："夫妻本是同林鸟，大难临头各自飞。"可见很多现实生活里的夫妻，是可以一起享福，却始终不能够共患难的。而赵雅芝扮演的白素贞，不论艰难险阻，甚至为了救许仙的性命，不惜冒犯天庭惹怒王母，她的这份牺牲，这份大义，令人感怀。

虽说许仙是她的救命恩人，但她明明可以报一时的恩情，却偏偏为了爱情，付出所有，来回报这一世。对待丈夫，对待家庭，白素贞任劳任怨，知书达理，而对待苍生，同样怀有一颗慈悲的心肠。

她知道许仙的心愿是开一家药铺，于是不惜借用法力帮丈夫实现心愿，这就好似陪着一无所有的男人创业，她从来都不说一句辛苦。因为很多穷人家没钱治病，她便大发慈悲，免费为穷人诊治，发放药品，甚至知府的妻子难产，也冒险化身观世音，救了他们一家人的性命。这样善良的素贞，尽管后来很多人知道她是一条白蛇，也都不再用异样的眼光看待她，而是感怀她的恩德，百姓们更是感慨："她是活菩萨，她是观世音！"

对待小青，情同手足，亲如姐妹，这才使得小青在外人面前，甘愿自降身价，以家里的仆人自称。她对小青的一片真情，也换来了小青的生死相许。

白蛇原本是条善良的白蛇，奈何修仙命中遭此一劫。因法海执意拆散他们夫妻，擅自将许仙扣留在金山寺，白素贞不得已调动天兵天将，"水淹金山寺"。生灵涂炭，是她违背本意的无奈之举，她自知此举一发，罪孽深重，但为了一个"情"字，她已顾不得许多。

为了许仙，白素贞上天入地，一千年辛苦得到的修行，她说不要就不要。因为此时的她，已经有了家庭，有了孩子，已经不单单是报一份恩情，而是在履行一个妻子、一个母亲的责任——而这，不正是我们中国五千年的传统文化最为看重的吗？我们重视女性作为妻子和母亲的本职，认为母爱高于一切，白素贞的一切表现，合情合理，因为她背后支撑着的，是一个家庭。

更难得的,她虽是一条蛇,身上却充满了人性。哪怕是对待自己的仇敌,也一向能够做到"得饶人处且饶人",并不会仗着自己有千年的法力,就将修行的同伴赶尽杀绝。所谓"人不犯我,我不犯人",倘若不是逼急了或许永远不会有手刃敌人的一天。

最后在被法海捉拿的关键时刻,她已完全不是一条蛇,而是充满母性光辉的一个人。原本,在小青的帮助下,她可以逃离法海的魔掌,但就因为听到了仕林的一声啼哭,母爱被召唤,再次返回家中,这才被法海擒拿。但即使面对法海这样的"恶势力",她也从来不卑不亢,保持着一个女性的尊严。

这样的白素贞,简直就是一尊神,一个仙,她只属于传说。但赵雅芝却把她演出了真实的感觉,我们看她饰演的白素贞,虽然身上贴有神话的标签,又美得不可方物,人间罕有,但竟感觉不到一丝虚假的成分,这是她最大的成功。

这个角色之所以能够获得空前的成功,与她的个人魅力不可分割。可以想见,她本人和白素贞这个形象保持着高度的一致,所以演起来才给人如此逼真的感觉。

我们来看一段电视剧里的情节,着重分析下白素贞的性格，你会发现，这个女子，自有无穷的魅力。

在第26集中，白素贞生完仕林，许仙感慨小青蛇毒未消，孤身一人，不能与凡人婚配，真是楚楚可怜。白素贞闻言，语气坚定地回他，不可怜。许仙不解，继续说道，渴望被爱，众生皆同。谁会愿意孤零零的呢？然而这番话依旧无法说服她，她看到的，永远是事物的另一面："若青儿能从中得到启示的话，那反而对她有利。"

她虽有家庭，眷恋尘世，可也知道尘世修行的痛苦，没遇见许仙之前，她就是向往早登仙境的。但如今可以为了家，放弃心中梦想，不得不说是个破釜沉舟的伟大举动。其实说到底，在她心里，如果可以选择，她还是更愿意抛却红尘，了无挂碍地上灵山。

桥段里有很多这种白素贞作为一个智者，为许仙答疑解惑的片段，可以想见，在这个家庭，并非男性许仙为主导是领导者，而是女性白素贞以她的智慧在引领一家人。这一点，恐怕也是世间男子众所求之的，谁的本领大谁受累，这个道理我们都懂，但是白素贞，却是心甘情愿地为了家庭受苦。

如果你仔细观察，就会发现赵雅芝将白素贞此刻的矛盾，演绎得非常细化。她的眼神里既有对守家的渴望，也有对修仙的决心。这种矛盾的呈现，非常考验一个演员的功底。

白娘子对许仙的爱，令许仙从一个沉迷红尘的普通男子，升华至领悟佛法的仙人，这是一个女人最强大的地方。民间俗语说得好："女人是男人的一所学校。"男人毕业出来是个什么德行，全要看这个女人的水平如何。就许仙的转变来说，白素贞无疑是度化了他。

在第30集中，许仙来到金山寺自愿剃度出家。他从怨恨、纠结法海为何一定要拆散他们一家人，到开始领悟到情爱的根由，能够接受生命中注定到来的苦难，并且下定决心清修，不惜失去自由来回报娘子对他的一片情意，这种巨大的反差，是白素贞一路引导的结果。

在金山寺，他决定出家时与法海有这样一段对话：

许仙，老衲替你取法号道中，意思是皈依三宝之后，诸恶莫做，诸善奉行，参三乘妙法，回原来色相，倘能苦心修行，不灭善根，方成正果。

徒儿谨记师父教训，相信人有善念，天必从之，人有悔意，天必怜之。我是个懵懂痴呆的负心汉，愧对结发妻子白素贞甚深,现在跪在佛祖面前忏悔,愿将此后修行功德,回向爱妻,助她早日脱离苦海,飞登仙界。

他以前只想以娘子守护身边,妻儿团聚为乐,以家庭的和睦作为人生最大的目标,而现在,却甘愿还白素贞自由,甚至愿意为了她牺牲自己。相比之前,这是一个何等超脱的境界呢。

至于法海继续说他还是执迷不悟,许仙也只是冷静地回答:"徒弟虽痴迷,却已了悟,我娘子的罪灾全因我而起。如果她不思恩情,即无避两情缘;如果她绝情背义,何致水漫金山?我才是真正的祸首,我耳根软,相信谗言,我人痴呆,辜负发妻。我是来忏悔的,就在肇祸之地忏悔;我也是来修行的,就在我仇人面前修行。如果我能见你而不怒不怨不恨,那岂不是就得道了吗?所以在你面前修行最为不易,功德却也最大最好。"可见,小男孩已经真正地成为一个男人了。

白娘子到底什么样,我们谁也没见过。但因为赵雅芝,我们认识了白娘子。一个角色和一个演员,只有完全契合,这个角色才能令人印象深刻,这个演员也才能火。所以说,她是永远的白娘子,不可超越的经典。

一人两角，至情至性胡媚娘

在这部《新白娘子传奇》里，赵雅芝同样一人分饰两角，用她的功力将白素贞与胡媚娘演绎出完全不同的两种风情，以至于有网友说："从33集胡媚娘出场开始，才真正喜欢上这部电视剧。"有更多网友形容，他们喜欢白素贞，但挚爱却是胡媚娘——为什么一个人扮演的角色，却可以引发如此分明的爱恨？

论实力，白素贞有千年的道行，胡媚娘却只有五百年的修行；论长相，白素贞清雅脱俗，贞静美好，胡媚娘的打扮显然有些小女儿的心性；论情缘，白素贞是为报恩，有目的地寻找，而胡媚娘却是误打误撞，一见钟情。

还记得在青龙坡的山路上，与许仕林一见钟情的胡媚娘，焦虑地扮作一个平凡女子，想要和他说话的样子，那种不忍郎君看到自己容颜丑陋的担心，以及将对方吓走之后的痛苦和无奈，如果不是真的爱上了，又怎会如此嫌弃自己，轻看自己？——想想看，那不正是初次喜欢上别人时的我们，才会有的紧张和不安？

为了获得一副美丽的容颜，她利用法术变作捡来的画中白素贞的模样。于是，一个活脱脱清丽的媚娘诞生了，但如果她注定只能以丑的容颜与许仕林相处，我相信时间久了，他亦能接受她心底的良善。

情窦初开，胡媚娘是小女子，要跟心爱的人一起喝茶，逛街，讨论学问，甚至还要亲手为他刺绣，缝制衣裳——爱一个人的细节，全在脸上，全在心底。低下头去，是那娇羞的一团温柔；抬起双眼，眉目里正映出他一张俊秀的脸。

同样是面对爱情，白素贞爱得果敢，因为她法力强大，即便后期有死对头法海，却也有文曲星护体，不怕他乱来；而胡媚娘呢，她什么都没有，与许仕林的尘缘仅是宿命中偶然的一段插曲，注定没有结果，所以她只能享受爱着的过程。甚至，她还要时时屈就于金钵法王的制伏，佯装为他去杀自己的心上人。胡媚娘的爱，是小心翼翼的爱，是提心吊胆的爱。

因为白素贞对许仙所做的一切，皆有"报恩"二字做铺垫，所以她做什么都是顺的、对的以及光明正大的，人人会羡慕地说："看啊，许仙得了什么福，娶了那样一位有品有貌的娘子。"

而胡媚娘，她虽生得美丽，人品善良，却处处不被乡邻看好，人人嫉妒她的美艳，诽谤她是个狐狸精，她的身边，只有小姐妹彩英，偶尔为她打抱不平。彩英是这场爱情的见证人，也是局外者，她看得总比媚娘看得清，很多时候，她已经在劝媚娘不要执迷不悟了，可陷在爱情里的人，心里眼里就只剩那人的好，哪里还脱得了身。

她知道大家不喜欢自己，甚至许仕林的"母亲"也看自己不顺眼，但她还是全心全意地爱着他。听说他生病了，她做女子的面子里子都不要了，亲自跑到府上探望，言语间全是关心，任喜欢仕林的碧莲也有些迷茫了。

为了仕林，别说五百年的道行，她连命都可以不要。而这一切，完全只是出于爱情，不似白素贞的为了维护家庭的周全，为了维护丈夫和孩子的周全。只从这一点来说，胡媚娘可能更伟大。

她这么拼命地付出，从不敢奢望自己能和仕林结为夫妻，虽然观众知道仕林早已有了碧莲，也对突然闯出的胡媚娘给予心疼——能够做到这点，真是太难得。最后，她果然还是逃不过宿命的安排，为了救仕林牺牲在金钹法王的金轮之下，临走之前，她为了宽碧莲的心，还专门来到她的帐前，告诉她"他是属于你的"。小女子的大气，与白娘子的大气，是决然不同的。

白素贞的身上背负着天谴，背负着家庭的责任，报恩的责任，因为枷锁太多，所以注定不能有太多的活力。她的爱情，还没开始，就进入婚姻。所以我们注定无法看到恋爱时的她是何模样。而胡媚娘就不同了，她没想过以后，有了爱情，她也不在乎别人的看法，只一心一意对她的仕林。

　　白素贞是传说，人们想起她，会想到断桥，想到竹伞，想到雷峰塔；而胡媚娘是路过，人们或许根本不会想起吧。那毕竟只是通往人生之路的一个阶段，犹如我们修成婚姻正果前的一段路过的爱情，注定美丽而短暂。所以提起白素贞，人们会崇拜，而说起胡媚娘，人们会沉思。

　　她是玉兔精，也是一个活脱脱的少女。在她的身上，我们看到的是青春的模样，是一个女孩最初遇到爱情时的惊慌，可爱，与不顾一切。

　　想到她最开始扮演一位胡公子，接着兜兜转转将自己变作胡公子的妹妹，介绍给仕林的可爱样子，我就总忍不住多看她一眼。

　　不管是对彩英，还是对看不起她的邻居，抑或对碧莲，始终保持一颗宽容的心，甚至试图将自己变成碧莲最好的姐妹。她的心里没有杂质，像珍珠一样干净，所以仕林才会那么爱她。即便第一时间知道她非凡人，也仍然坚定地爱她，不会离开她。这是许仕林相比许仙的高明之处。

　　她和相爱的人没有一世的情缘，尽管爱得深刻，也终在自己的姐妹枉死之后，认清她的宿命。重新投胎，她那说话的口气，分明已经想开，不再对这段感情有任何的眷恋，她的精神得到了超脱。而这相比于白素贞最终的得道成仙，她有着更深的人生体会。我始终认为，或许还是许仙更爱白素贞多些，毕竟成仙原本不在他的人生计划之列，而最终为了团圆，他还是放弃了人间，追随她去到了天界。

　　我不禁这样想：要是一开始，许仙没有清秀的长相，白素贞还会以身相许吗？虽然这中间，小青也曾因为这个质疑过她的未来，但最终她还是选择了相守。

　　对白素贞，我们以为她是高高在上的，唯有许仙这样的夫君才能相配，唯有断桥、竹伞、雷峰塔的传奇才能相称；而胡媚娘，她亲切、真实得像一位邻家小妹，可爱，活泼，善良，是现实里可以幻想、期许的对象。正是这一份真实，打败了只存在于幻想里的白素贞，让胡媚娘这么突出，让观众这么厚爱。

　　一个天上仙，一个地上人。赵雅芝把这两种截然不同的女性状态表现得淋漓尽致，演技可以说已是炉火纯青。

《新白娘子传奇》大火背后的奥秘

《新白娘子传奇》有相当多的经典之处，我只能以一个观者的姿态，略写一二。

首先，它很新奇。有传说的色彩和玄幻的成分自然是一大特点。但最新奇的，还是它采用了戏曲歌舞的形式，而且用的是非常好听的黄梅调。

黄梅调最早起源于邵氏的黄梅调电影。在20世纪60年代，"黄梅调"是港台电影界最重要的类型电影之一，有近百部的"黄梅调电影"在这十年间陆续问世，其中，李翰祥于1962年导演的《梁山伯与祝英台》令黄梅调更加广为人知。

台视《新白娘子传奇》制作人曹景德在原版小说的前言里这样介绍："《新白娘子传奇》是台湾电视公司年度压轴大戏。该剧以《白蛇传》为架构，重新改编拍摄，强卡司、大制作，可谓历来难得一见的好作品。当初，台视节目部经理熊廷武先生找到我，他说他一直有个构想：做一部能够发扬中国传统文化，又注重黄梅调表现的连续剧，于是，指示要审慎地去思考研究。在一连串的企划过程中，也曾有过《梁山伯与祝英台》《水浒传》等的提案，尔后皆顾及题材无法推陈出新而作罢。

经再三研思，终于，《新白娘子传奇》从众多企划案中脱颖而出。除了内容家喻户晓，能引起大家共鸣之外，在表现手法上，也较容易创新。譬如，剧中的黄梅调，特请名作曲家左宏元先生，创作了所谓的'新黄梅调'，剧中一些特技的处理及画面的表现，也一改以往简陋粗糙的摄影及剪接技巧，专程从美国购置了美金六万元的'变形'软体来做电脑特效，以期让观众获得最新、最逼真的视觉享受。此番推出的《新白娘子传奇》，就剧情而言，除了注重许仙与白娘娘情感的缠绵悱恻之外，更加入许多轶事小传，使故事不但'情、理、法'兼具，其立意也颇为反讽。在演员阵容方面，我们则依据去年港台最美丽的女明星票选，力邀港星赵雅芝来担任'白娘娘'此一要角；'许仙'则由反串扮相特别俊俏的港星叶童来饰演，以期将原来在原'白蛇传'中较窝囊的许仙，另外创造出'叶童式许仙'的风格。此外，青蛇及法海二角，分别由港星陈美琪和台视老牌演员乾德门饰演，其余主要演员亦皆由台视资深演员担任，阵容可谓十分强大。值得一提的是，配合《新白娘子传奇》的播出，多乐坊文化事业有限公司也同时出书，使观众除了电视的直接视觉享受之外，还可沉醉在文字隽永的回味之中。对广大读者及热情的《白蛇传》迷而言，不啻为最佳礼物。"

从以上这段话中，我们可以看出：这部剧是一部原汁原味的古装剧，色彩鲜明，人物细腻。整部剧有非常深厚的文化底蕴，突出中华五千年来的传统文化，具有很高的文化价值，并且采用黄梅调的形式唱出对白，朗朗上口，很自然地把戏曲和影视结合起来，用音乐为剧情增添无限风采。

那么，它是如何体现中国的传统文化的呢？

许仙露面的开场，即是中国人都要过的清明节。祭奠先祖，缅怀古人，这是中华民族千百年来予以重视的孝道，再结合上坟情景时的唱词，更能凸显出思念已去故人的悲凉，"三月三日是清明/家家户户去上坟/有的坟上飘白纸/有的坟上冷清清/深重追远来祭祀/焚香顶礼是儿孙/一年一度行孝道/每逢佳节倍思亲……"不仅唱出了上坟的凄凉，更容易将观众带进那种传统的氛围里。

白素贞与许仙结姻缘，办的是传统婚礼，新娘要戴凤冠，穿红袍，坐花轿，而新郎要骑高头大马。拜堂的时候，两个人也要施行传统婚礼的礼节。一拜天地，二拜高堂，夫妻对拜然后送入洞房，大红灯笼高高挂，大红烛火高高燃，哪里都是红的，热闹非凡。

里面还说到端午节。端午节，家家户户要包粽子，要喝雄黄酒，许仙家也不例外。当他兴冲冲像孩子一样拿回雄黄酒的时候，夫妻俩在房里唱着团圆的歌。当回忆一个电视剧片段时，你能想到具体的画面，这就说明它的拍摄是成功的。没错，爱情是一种感觉，可是，爱需要呈现出来，这部电视剧做到了。

再次，它还显现出很好的儒释道文化。儒文化的体现，代表人物有皇帝、钱塘县令、许仕林等人物。特别是许仕林，儒家讲"百善孝为先"，许仕林状元及第，没有直接回家，而是登雷峰塔救母出塔，可谓是儒文化的传承。

释文化的体现，代表人物有法海，法海虽一心收服白蛇，但也只是听从上天的安排，他身上还是有佛性，所以叫人也恨不起来。比如对于梁相国之子这种做尽坏事的人，也一样不计前嫌超度护送其尸首回京。

道文化的体现，代表人物则有王道灵，而他的出现及他所制作的万灵丹，也再次诠释道文化的精髓，即求人长生不老。

除此之后，本剧还有大量的经文出现，贯穿在情节里，令人回味无穷。

比如，第31集中白素贞的一段念词，就出自《大慈菩萨发愿偈》："无边烦恼断，无量法门修。誓愿度众生，总愿成佛道。虚空有尽，我愿无穷。情与无情，同圆种智。南无十方三世一切佛。"

比如，许仙出家后，也有一段出自《净土发愿文》的念词："众罪消灭，善根增长。若临命终，自知时至。身无病苦，心不贪恋。意不颠倒，如入禅定。"

再比如，分别出自《华严经·普贤行愿品》和《白衣观音大士灵感神咒》的两段念词：

"我昔所造诸恶业，皆由无始贪嗔痴。徒身语意之所生，一切我今皆忏悔。"

"天罗神，地罗神。人离难，难离身。一切灾殃化为尘。"

最后，叶童的反串也是本剧的一个经典。

因为有着这些根基，所以这部剧总能常看常新，每看一次，都能有不同以往的新收获。

"赵雅芝现象"（一）

1992年，因接拍《新白娘子传奇》而大火的赵雅芝，片酬一跃涨至300万港币，成为台湾影视圈片酬最高艺人。

台媒曾经报道说，赵雅芝拍新白娘子时的片酬是每集4万港币，折合台币约12万。她拍下一部戏时，片酬就翻了一倍，变成每集24万台币。

因白娘子一角的成功，赵雅芝迅速火遍台湾，甚至在全台湾范围内燃起一股火热的"赵雅芝热"。

当时很多权威的官方报道这样写道："90年代，台湾三大电视剧之间的竞争可谓非常激烈，'中视'被其他两台打压得决定打一翻身仗，于是就拿出撒手锏——戏说剧。戏说剧作为'中视'的王牌剧，其投入高达近4000万台币（约合港币1200万），这已经算是当时的天文数字——1990年，'中视'投拍《戏说乾隆》，以546万台币（合港币165万）签下女主角赵雅芝。次年5月15日《戏说乾隆》在台湾'中视'首播，第二天台湾各大媒体就在报道其头天晚上的收视率了，之后戏说的收视率一再攀高，是90年代在台湾唯一一部平均收视超过40%以上的电视剧。"

"《戏说乾隆》的火爆让赵雅芝的人气、片酬及影响力再度达到巅峰。这之后赵雅芝的片约就非常多，由于看重赵雅芝在内地市场的强大号召力，香港电影片商曾以两百万以上酬劳邀请她进入电影圈。但是由于种种原因赵雅芝委婉拒绝，这就是她的个人魅力，不是看酬劳高就接戏，或许正是这份独特的个人魅力使她成为红火时间最长的华人女明星。就在次年,《戏说乾隆》的余热还未散去的时候,她为尝试新的戏路接了一部火爆至今的电视剧——《新白娘子传奇》。"

"《戏说乾隆》之后,赵雅芝身价大涨。拍摄《新白娘子传奇》时,她的片酬结算方式已由之前的税前台币结算换成税后港币结算,此时赵雅芝的片酬已经位列当时女明星片酬中最高之一了。而一部《新白娘子传奇》,税后两百万,在当时的1992年,已非常之高,纵观整个娱乐圈,没有几个女明星能够与之并驾齐驱。"

"《新白娘子传奇》当年造成的轰动自不必言说,相信只要经历过那个时代的,就一定会有感触。作为一部影视作品,其当时的收视率仅仅是衡量其影响力的一部分,更重要的是这部作品必须要有持续的影响力,那些年和这部剧一样首播时创造了高收视率的电视剧很多,可是能和这部剧一样在20年来反复被内地引进反复重播的则屈指可数。红极一时与影响力巨大的区别,正在于此。"

"据统计,《新白娘子传奇》是重播最多的港台剧,2009年第三次引进后内地6家卫视集团轰炸式重播,热度依然。而赵雅芝作为白素贞的扮演者,不管是她在当时的受欢迎程度,还是她的市场影响力，到今天来看，都是非常巨大的。而这部剧也是中国影视剧史上的一个神话。"

90年代中后期，已经迎来事业第二高峰的赵雅芝，却意外地"息影"，将生活的重心再次转移到家庭中去。此后，她接戏甚少，只是出于兴趣，产量很低。但是或许正是因为她的这种淡定与从容，她的影响力一直都在。

八九十年代是当之无愧的属于她的黄金时期，她为我们贡献了太多的经典形象，无论是在香港的起步到成为香港最红的偶像之一，还是后来到了陌生的台湾，凭借一部《新白娘子传奇》成为声名大噪的巨星。她的事业之所以如此顺利，与她的勤勉与智慧不可分割，作为一名演员，她不浮躁，不功利，知道自己的优势，更知道以退为进。而另一方面，她既是一名明星，也是丈夫的妻子，孩子们的母亲，她很好地将这三种完全不同的角色结合到一起，在家庭与事业之间找到了完美的平衡。

"赵雅芝现象"（二）

《电影画刊》历时7个月特别研究"赵雅芝现象"，杂志主编马宏锦对这样的一个举动解释说,它既正常又不正常。正常是因为国内外"芝迷"很多,有相当数量的读者纷纷致电致函希望画刊多加关注赵雅芝,为了满足广大读者的需求,所以才做了对"赵雅芝现象"的研究;而不正常或许在于,毕竟《电影画刊》作为一本面向世界影坛和国内外读者的杂志,还是第一次如此长期地关注某位影星。

分析赵雅芝能够拥有如此之多的影迷的原因,除了她非凡的美貌和娴静典雅的气质,更在于她善解人意的温和,包容宽厚的母爱,可以说,中国女性的传统美德在她的身上得到完美的体现。这令不少年轻的女性都渴望能成为像芝姐一样的人。是啊,看现今已63岁的赵雅芝,身材保养犹如少女,脸上常常挂着温暖明媚的笑容,不禁让人感叹——世间果真有人能够如此优雅地老去!

她的这种魅力,是一种文化的熏陶,是一种个性的完美修养。

首先,她天生丽质,是演艺圈公认的古典美人,非常适合扮演古装角色。这种甜美的扮相,在今天这个浮躁的社会就更显得弥足珍贵。试想一下,当我们看惯了涂脂抹粉的网红脸,偶尔看到这么一张清丽脱俗的面孔,一切都如古代山水一般的宁静、温婉,这种超凡脱俗的古典美,怎能不让人向往——这是一种对传统文化的逐本溯源，更是一份对古典文化的精神寄托。

其次，赵雅芝以38岁的"高龄"扮演了仙气十足的白素贞和清丽脱俗的胡媚娘，两个角色丝毫不与她的年龄产生冲突，所以她绝不是那种到了年纪就只能转型去饰演与自己相同年龄层次角色的演员，而依旧可以轻着罗纱，绣带飘飘，步态轻盈，演绎妙龄的女子。虽然在现实生活中她已是三个孩子的母亲，但在剧情里依旧能够拾捡角色需要的青涩，将每个角色的演绎做到举重若轻，真可谓功力深厚。

再次，拿她在《新白娘子传奇》中的表演举例，她的表演采取别具一格的"轻戏曲化"的形式，一举手、一抬头，并不是特别的生活化，总有一些"仙"的气质，这很贴合她的形象以及古装剧的氛围，为她的大红打下一种"雅"的基础。我想，任何一个男孩子，都曾经幻想过自己若有这样一位古典美的娘子，该有多美妙吧。

一位来自长春的影迷说："我是女孩，我渴望受人称赞、渴望异性追求、渴望完美，而促成这些愿望实现的最终因素——真善美只有在赵雅芝身上才可以学到。"一位来自江苏的影迷说："现在的都市女性大都追求另类自我，体现个性魅力，爱酷善搞怪，传统型的温柔女性已较少见了，取而代之的是果敢、泼辣、前卫的'新新人类'。在这样的社会背景下，人们从内心深处唤起对温婉女性的追求，并热衷于此，而赵雅芝则是这类深具女人味的纯粹女人"。

从这些评语中可以看出，很多女孩迷恋赵雅芝，是想让自己以她为标杆，成为像她一样完美的好女人。还有一些学生是因为从她身上看出了母性的温柔，所以在受伤或感到委屈时，可以借芝姐的怀抱躲一躲。因为她这种慈母气质可以挥去人们心中所有的愁云。还是那句话，谁不喜欢温婉柔美的人呢？一想到那种笑，那种话语，都是暖的，想不喜欢也是很难的吧！

练习优雅：跟赵雅芝学做优雅女人

把握时间，做时间的主人

俗语说："一寸光阴一寸金，寸金难买寸光阴。"时间的重要性，不言而喻。对每个人来说，时间都是宝贵的。时间，犹如白驹过隙，在须臾之间消逝得无影无踪。

高尔基说："世界上最快而又最慢，最长而又最短，最平凡而又最珍贵，最易被忽略而又最令人后悔的就是时间。"对于一个人来说，如何管理他的时间，就等同于如何对待他的生命。

赵雅芝就是一个很会把握时间的人。虽然十几岁时，她同我们一样，对未来没有方向，不懂得自己要做什么。但她有一个当空姐的梦想，有梦想就去做。成功当上空姐之后，她又在妈妈的支持下，参加了"香港小姐"选美，由此进入演艺圈。虽如此，她对家庭依然看重，21岁的年纪就在妈妈的安排下，组建了家庭。虽然第一次婚姻失败了，但她并不气馁，为了两个孩子重新振作起来，演了一系列经典的电视剧，最终走红。

又在巅峰时期，为了照顾家庭选择隐退，到现在，她既拥有完美的家庭，又拥有令人艳羡的事业，可谓是事业与家庭双丰收的女性典范。

一样有限的时间里，为什么赵雅芝做到了这样的两全其美？答案就在于，她从不对时间过分苛求，而是到了什么年纪，就去做那个年纪应当做的事情。不管是拍戏还是接受访谈，她从来都是做好准备才去。因为这样能为她增添更多的自信，将自己的优点充分发挥出来，为事情的顺利节省时间。她一直都是个有计划、有安排的人，也一直都很珍惜时间。

我们怎样对待时间，时间也同样会怎样对待我们。"时间就是金钱"，只要你把握好了时间，就能用它换来财富。

人的一生有几件大事：升学，工作，结婚，生子……这些几乎每个人必须要做的事情，大家的效率却各不相同，有些人能够做得很好，有些人就不行，这也客观反映出不同的人是如何掌控时间的。

我们常有这样的感受，明明花很多的时间去完成一件事，可效果却并不好。这是因为人的注意力总是有限的，谁都没法长时间集中精神在一件事情上。有一个著名的"二八定律",就是说,要用百分之二十的时间去解决一天中百分之八十的事情。只有高效率地做事,找对方法,对症下药,才能更充分更有效地把握住时间,提升自己的个人价值。

务必谨记,在时间面前,不要逃避。尤其是面对痛苦的事情,很多人的想法是这样:这件事我不想做,明天再处理吧,下个礼拜再怎样吧。千万不要抱有这种想法,拖延症一旦形成,将会不可估量地吞掉你的时间,并且消耗你的精力。须知,今天不想解决的事情,放到明年,也仍然是不想面对的,还不如早点解决。

为了帮助你更好地把握时间,你还可以给自己安排一个"不被打扰的时间",这个不被打扰的时间,可以是一个小时,甚至几分钟,在这段时间里,你要尽量切断同外界的联系,给自己独立思考的空间。坚持下去,你将发现,用这种方法,你的工作效率将获得极大的提升。

我们要学会积极主动地把握时间,只有这样,才能实现对它的合理分配,在规定的时间内完成你想做的事。把你正在经历的每一分钟当成是你的最后一分钟来过,你才会有更大的收获。

不功利的人生才优雅

不知道从何时开始，人们变得越来越浮躁，越来越功利。写完一篇文章，幻想着马上就有上万的点击量，就有广告商来找自己登广告，就能立刻实现"财富自由"；喜欢上一个女孩，幻想着今天她就答应做自己的女朋友，明天就举办婚礼；换一份工作，幻想着立马月薪上万，当上主管……

我们越来越等不起自己成长，也越来越关注同龄人是否正在变得比我们更优秀。我们生怕慢一步，就永远地失去了与别人竞争的机会，成为一个失败的人。

或许是城市快节奏的发展影响了我们，或许是不确定的明天总使人感到焦虑。人心惶惶，甚至都没时间好好吃一顿饭，给自己换上舒展的心情。

在竞争激烈的演艺圈，想必环境更加恶劣。特别是对于发展相对有更多局限的女性来说，容颜一天天老去，身材也不会总那么美丽，处境变得越来越艰难。

很多明星都幻想着，今天走红了，明天就称霸荧屏，接无数的广告拍无数的戏，赚到盆满钵满，可以买下一座北京的四合院……

功利，好像正在吞噬人心。但无论环境如何艰险，赵雅芝从未盲目追求功利。她几次在巅峰时隐退，仅仅是为了有更多时间去照顾自己的家庭。对她来说，家庭的美好才是一个女人最应追求的，所谓的事业，说到底还是为家庭服务的。

或许是因为没有什么功利心，她从来都不勾心斗角，大大方方地做自己。她是一个能够认识到真我，知道自己想要什么的人。

生而为人，客观环境是我们无法改变的，但我们可以改变我们自己，是谁规定面对激烈的竞争就一定要玩个你死我活？我就想简简单单地活不可以吗？只要你能认识到正确的自己，引导自己走上一条正确的道路，这些都不难实现。

想要不被功利的世界牵着走，首先就要学会倾听自己内心的声音，了解自己真正想要的是什么。比如写作，如果你想成为一个有名的作家，用写书去赚钱，就要有目的有方法地培养自己的写作技巧，多跟一些成功人士交流，保持对图书市场的敏感度，知道读者喜欢什么；但如果你写字只是出于自己的爱好兴趣，只是为了让自己开心，那就简单地坚持下去，不动什么脑筋。人都是通过自己来认识世界，所以，要时刻真诚地反省自己，倾听内心深处的声音。

其次，坚定人生信念，做最真实的自己，凡事不要跟别人比。俗话说："没有比较，就没有伤害。"

每个人身边也许不乏这样一类人，他们吃饱了没事干，总喜欢拿自己的人生跟别人做比较。比如一样是在北京，有些人会说公司某某同事在四环买了房，每天开着车上班，而自己却要挤地铁，加班晚了还会偶尔打不上车；有些人会说，自己还是单身，可是别人的老公却那么温柔……你不是别人，怎么知道别人为获得今天的幸福所受的委屈和辛苦呢？这个世界上没有什么是能够轻易得到的，更没有什么是免费的，如果一些东西你真的想要，闭上嘴巴，老老实实、脚踏实地地去努力奋斗。

当然，你最好明白，每个人都有自己的人生。不是所有的人，都是同一种生活模式。有的人，生下来就走了顺利模式，而有的人则是磨难模式，人跟人是不能比的。认清自己的人生，做真实的自己即可，没必要浪费时间去跟任何人比。

最后，做出正确的选择，坚信自己的选择。希拉里说："每一个人都不应该随波逐流，要充分地认识和相信自己，倾听自己的心声，做自己想做的事情，这样的人生或许会很多曲折，但是我认为是最有价值的，也是最好的生活方式！"

每个人不但要知道自己选择的路,而且能够做到为自己的选择负责。这才是一个成熟的人应当做的。当一个人知道要去哪儿,全世界都会为你让路。

　　作为女人,永远记住,一定要让自己快乐!不要过分关注外界的眼光,你的人生是你在主宰,同时也是你在体会,而不是那些闲言碎语。

　　你要为你的人生负责,坚定地树立起专属自己的风格,像女神赵雅芝一样,活得风光,活出漂亮。

炫耀是优雅的天敌

　　当年,已年届不惑的赵雅芝,以一至两年内仅拍一部片的"低产"率,没有过多的炒作和宣传,竟然在神州大地掀起一股特殊的热潮——"赵雅芝热"。

　　这背后,是她的人格魅力过于强大。正如"梅花香自苦寒来",梅花的香气难得,但也不必自己诉说,风一吹一递,十里八乡都能嗅到它的芬芳,了解它的美丽。

　　赵雅芝的优雅,亦如此。

她的优雅,从来都不靠炫耀获得,那是一种非常自然的深入人心。她做到了,你看到了,然后更多的人记住了,仅此而已。

她始终在坚持自己的风格,并且用这优雅的风格感染了我们,吸引了我们,让更多的人愿意为她埋单,为她驻足停留。这是魅力的自然挥发,无关任何的炫耀。

也可以说,她是一个知进退、懂分寸的女子。

在生活里的她,永远那么谦逊、低调。纵然知道自己的粉丝遍布全国,她也没有过分骄傲,而是对每个粉丝都很用心,对每份爱心怀感激。在她的个人简历上,"最喜欢的人"那一栏里,永远写着"家人、朋友和粉丝",可见,粉丝在她的心目中,有着相当重要的位置。

明明是她靠努力赢来了这份荣誉,可她却感激粉丝的关爱,丝毫没有炫耀的意思。"美而不自知",是一种莫大的高尚的情怀。

这样的知晓分寸,令她不管同谁交往,都能轻松地做到和谐共处,即便与人发生矛盾,也会温柔、巧妙地处理。

知进退的女子通情达理,原因就在于她们知珍惜,懂得失,明舍得,进退有度,分寸有礼;她们落落大方,知道在恰当的时间说恰当的话,能够让彼此的关系停留在舒适区;她们秀外慧中,能够漂亮地处理人际关系,让自己在各色各样的人之间游刃有余,入世却不世俗。

真正优雅的女人,知进退,懂分寸。我们可以从以下几个方面进行学习:

首先,懂得察言观色,洞察人性。察言观色就是能迅速判断出对方的意图,理解对方行为背后的含义。你可以多尝试和不同种类的人群交往,在交往的过程中,多观察、多总结、多思考,坚持几次,就会有成效。也可以通过微表情来判断对方的心理活动,当然这需要你事先懂一些心理学。这个可以慢慢学。而所谓洞察人性是指从生活中积累生活经验,从而掌握事物的发展规律,最终找寻对方的心理安全区,让自己处于对方的安全地带,不越界,不冒犯,保持彼此关系的融洽。

其次,懂世故却不世故,精明但不圆滑。明白这世上的一切人情世故,但拒绝让自己做一个市侩的人。真诚地与人沟通,懂得见好就收,不要用言语刻薄地去讽刺别人,须知打击报复别人并不能使他变坏,更不能帮助你变好。怀着一颗平常心与人相交,发自内心地赞扬别人但不讨好任何人。

最后,掌握对方的心理底线和心理距离,切忌"交浅言深"。想要跟人和平相处，就要明白对方的底线在哪里；要学会多站在对方的角度考虑问题，用别人能够接受的方式进行交际；不乱开别人的玩笑，凡事都有个度。要知道耿直并不代表真诚，更多时候伤了别人，自己还不知道。

　　一个真正优雅的女性，不骄傲，不炫耀，懂分寸，知进退。在别人面前，她从不多话，永远知道自己该干什么，不该干什么。

突破自我，做独一无二的自己

　　世界是多元的，没有两片完全相同的树叶。而人的性格也是多变的，没有完全相同的两个人，就算是双胞胎，也有各自的性格。

　　我们每个人都是独立的个体，也就是说，我们原本都可以活出独一无二的自己。我相信你也听过这样的话："出生时我们都是原创，可最后却渐渐地活成盗版。"为什么我们大多数人很努力，却只得到一个平庸无奇的人生呢？问题还是出在我们自己身上。

赵雅芝就很幸运地坚持了自己的风格。记得刚进入演艺圈时，她不知道自己适合什么样的角色，曾经演过温柔如水的淑女，也演过敢爱敢恨的烈女，甚至演过一身武艺的打女。靠优雅的形象走红以后，很多观众开始挑剔，说她只能演这一类角色，演不了别的。她一开始也为此感到苦恼，"为什么我的戏路这么窄呢？我真的不可以挑战别的类型了吗？"为此，她后来接了几部根本不适合自己形象的作品，她的事业也一度受到影响，停滞不前。但最终，她想通了，既然自己最为观众接受的是温婉的女人形象，那为什么不能将它发挥到极致呢？后来，塑造了冯程程、白素贞等一系列经典形象。

其实，有这种困惑的不单单是我们的女神，连一代美人林青霞也有过这样的苦恼。为此，徐克说："为什么林青霞就一定要演一个不是林青霞的人呢？"

要知道，别人没有而你有的，正是你的与众不同之处，你该好好珍惜。做一个与众不同的人，在人群中散发别样的魅力。首先，要了解要自己的优点。要相信你所拥有的，只要坚持下去，就一定能为你带来光明。其次，要深度挖掘这种优势，让它更好地成为你的标识，更好地为你服务。赵雅芝在后期就塑造了一系列与她本人气质和形象较为吻合的角色，这才有了今天依旧优雅的女神。

被别人说你只会做一样也好，角色单一没什么挑战性也好，要记住，"泛"并不值得褒奖，值得人尊敬的，恰恰是"精"。"术业有专攻"，当你把一件事做到极致，你就是这个行业的发言人，你就是权威，就有了地位。而那些什么都会一些，却什么都不"精"的人，结果一定会是很快被人遗忘。所以，不要介意别人的说法，你要坚持你自己。因为与他们相比，你才是最了解自己的人。

虽然我们每个人都在嚷嚷着要改变自己，但我们知道，突破自我是件很困难的事，只有少数人可以坚持下来。但正因为如此，与众不同这件事，才显得很酷。

记住你的优点，坚定你的信念，努力地去做，然后剩下的就交给时间吧！

第五章

愿得一心人，白首不相离

绽放优雅：赵雅芝的人生轨迹

21岁嫁人，婚姻比事业更重要

1975年，赵雅芝21岁，到了谈婚论嫁的年纪。经过母亲的介绍，她认识了身为医生的黄汉伟。在当时的香港来说，医生可算一个社会地位很高的职业，想必母亲也是看重了这样的条件，觉得女儿嫁给医生，以后的生活起码无忧。

或许是因为黄汉伟比自己大了十岁，成熟儒雅，赵雅芝考虑一番，最终决定嫁给对方。两个人很快就在1976年举行了简单的婚礼。这对一个刚进入演艺圈的女艺人来说，简直有些不可思议，换作别人肯定会这样想："我才刚刚进入演艺圈，以后学习的东西还很多，以后想要有更大的发展……"而赵雅芝竟这么早就选择了婚姻，她难道不知道她的前途可能会受到影响吗？

显然在她心里，拥有一个温暖的家庭，比在演艺圈打拼更让她舒服。

嫁人以后,她将很大一部分心思都放在自己的婚姻上,决心做一个贤妻良母,但与此同时,她也没有完全放弃自己的事业。1976年,无线计划开拍一部《乘风破浪》,这是香港电视剧历史上最早的一部青春偶像剧。公司考虑到赵雅芝清丽脱俗的美丽形象,邀请她饰演一位活泼可爱的少女施淑枫。在这部剧里,赵雅芝充满活力的美让人过目不忘,但初战荧屏,她的演技还没有成熟,故而被很多媒体形容为"花瓶"。

成名多年以后,赵雅芝曾透露,生在一个传统家庭,她从小就接受非常严格的教育:"很多人说参加选美,一定接受过很多仪态方面的训练。其实我从小家里就管得很严,比如大姐比我大好多,从小就跟我说女孩子的仪态应该怎样、饭碗应该怎么拿、手应该怎么放。"除了举止,妈妈对她在婚姻方面的影响也很大:"我妈妈16岁就结婚了,她认为女人的幸福重点还是在家庭。所以那时候我刚刚开始做这份工作时才19岁,但是我妈妈觉得我不能再等了,一定要嫁人,结果我21岁就嫁人了。就这样我妈妈还觉得嫁得晚呢。"

21岁就结婚,无论是谁都会觉得,这对于刚起步有着良好外形的赵雅芝来说,一定是个不太容易的决定,但她却雷厉风行,丝毫没有犹豫,不但很快结婚,而且很快就怀孕了,生下两个孩子。

原本以为这样的婚姻是完美的，这样的家庭是值得守护的，可是万万没想到这段感情并不幸福。像任何一个肯为家庭付出的女人，赵雅芝贡献了所有，却依然改变不了这个家逐渐分崩离析的命运，或许，她像大多数婚姻不幸的人一样，只是缺少那么一点幸运。懵懂的年纪，以为只要自己心甘情愿地付出，就一定能够换来一个团圆的结局。年仅22岁的她独自承担了婚姻的不幸。直至多年以后，回忆往事时，才对媒体讲述离婚的缘由："两个人的性格相差很大。我那时就发现事业再怎么样也没有用，生活要是不幸福，什么都没有心思做。整个人很辛苦，心也苦。"

可见，在她的心里，始终是家庭的比重更大一些。她是一个更重视家庭的人。

当爱已成往事，潇洒地和过去说再见

1976年，赵雅芝参演许冠文的喜剧电影《半斤八两》，这部电影成为香港年度票房冠军,又在日本等海外市场公映。自此以后,赵雅芝每年都能接到片约,人气也渐渐上涨。1977年,赵雅芝签约成为吴宇森电影《发钱寒》的女主角,一举成为年度票房两连冠女影星。1978年,赵雅芝主演电影《剥错大牙拆错骨》,大获成功,票房大卖,这也是她首次尝试做"打女",并于此后十年间,连续多次被评为香港男性"最佳梦中情人"。

然而,名声越来越响,片约越来越多的背后,她仍然心静如水,没有趁热打铁,疯狂揽金。相反,为了家庭和孩子,为了尽到自己身为妻子和母亲的职责,她多次婉拒了很好的出名机会。比如,1978年,楚原导演的武侠电影《绝代双骄》邀请赵雅芝出演女主角,她因要照顾孩子婉拒了;1980年,谭家明导演的《名剑恨》邀请赵雅芝出演女主角,同样被她婉言谢绝;1981年,泰国片商邀请赵雅芝主演泰国电影,赵雅芝因照顾家庭没有同意……

为了家庭,赵雅芝放弃了很多事业上升的机会,也放弃了很多挣钱的机会。可见作为一个女人,她的内心是保守而传统的,那就是凡事以家庭为重,以孩子和丈夫为重。但这样的用心,却并没能得到丈夫黄汉伟的理解与支持。

1978年,爱情剧《旋涡》导演因看重赵雅芝的名气和不俗的外形,专门邀请她担任本剧女主角,同她配戏的男主角是后来红遍大江南北的电视剧《霍元甲》中霍元甲的扮演者黄元申。当时黄元申是无线的当红小生,能够跟他搭档,对事业正处在上升期的赵雅芝,无疑是一次非常好的机会。这部电视剧播出后,市场的反响很不错。尤其是两人在剧中默契的合作,使很多观众将他们看成一对完美的荧屏情侣。这部电视剧之后,两人又合作了《剥错大牙拆错骨》,赵雅芝与黄元申从此声名大噪,她更成为演艺圈炙手可热的女艺人。但就在此刻,赵雅芝的婚姻却出现了危机。

演艺圈一向鱼龙混杂,原本她与黄元申只是荧屏搭档,却被没分寸的媒体炒作成"移情别恋"的烂俗桥段,而丈夫黄汉伟呢,又是圈外人,根本不了解这个圈子的复杂。虽然现在没有具体的资料证明当时两人关于此事的争执,但可以想象得出,为事业付出的赵雅芝希望能够得到丈夫的信任与关心,却最终事与愿违,这才导致他们的婚姻出现危机。

1982年,这段让赵雅芝感到心累的婚姻还是走到了终点。

或许是感觉到妻子的决绝，黄汉伟没有反对，很快就同赵雅芝办理了离婚手续。婚姻不复存在，但赵雅芝不想放弃自己作为母亲的权利和责任。次年，为了争夺两个儿子的抚养权，赵雅芝无奈与前夫对簿公堂。最终，法院将孩子判给了她。至此，她的第一段婚姻保卫战就此落幕，虽然没能保全婚姻，但从此有孩子们的陪伴，她已经非常感恩上苍的眷顾。

这次婚姻的重创，也连累到她的事业。1983年版《神雕侠侣》中的小龙女，原本是邀请赵雅芝来担纲的，但因为离婚官司的风波，赵雅芝贤妻的形象尽毁，为了不影响票房，制片方临时换成陈玉莲，赵雅芝也因此失去了这个经典的角色。

她身心疲惫。她第一次懂得：人生是不能够心存侥幸的，每一步都要稳扎稳打。因为年轻，不成熟，她在母亲的安排下早早走进一桩互不体谅的婚姻，但她并不后悔当初的选择。因为在她心里，家庭始终排在第一位。她不会被离婚的事情打倒，因为她骨子里是坚强的。况且当爱已成往事，除了潇洒地告别，你没有别的办法。不是有首歌这样唱的吗？"挥别错的，才能遇到对的。"

离婚后的赵雅芝，对未来，依然充满信心。

优雅地去爱，优雅地被爱

1981年，赵雅芝应邀出演电视剧《女黑侠木兰花》，饰演一个无所不能的女侠。这部剧在她的优秀作品中当然算不上有分量，但正是在此期间，她认识了现在的丈夫黄锦燊。两人在剧中饰演情侣，黄锦燊对赵雅芝无微不至的关怀，感动了多少观众。令人意想不到的是，戏外，他也对赵雅芝展开了热烈的追求。只可惜，当时的赵雅芝已为人妇，并且育有两个儿子，迫于压力，她多次拒绝黄的示好，并且多次公开表态："我从没爱过黄锦燊，我爱我的两个儿子。"为什么她不说爱自己的丈夫黄汉伟，却只说爱两个儿子呢？因为这段时间，由于感情不和，她与先生正在闹分居。

虽然黄锦燊追求赵雅芝时，她还没有离婚，但他的追求并不是盲目的。电影开拍期间，细心的他就发现一向开朗、喜欢微笑的赵雅芝，在片场有时候会出现发呆甚至忘词的现象，笑容也很少，于是他便在休息之余，主动跑到她身边与她聊天，开导她，提升她的表演状态。时间久了，两个人私下里也很默契，顺理成章成了一对无话不谈的好友。

在合作上，黄锦燊与赵雅芝很合拍；在生活上，他也同样无微不至地照顾着她。一种异样的感情开始在他的心里翻滚。他知道，自己爱上了这个可爱的女孩。

1982年，就在赵雅芝同丈夫的离婚官司在香港闹得满城风雨时，黄锦燊寸步不离地守护在她身边，给予她精神上的鼓励与陪伴。这原本是一段纯洁的感情，可却被香港媒体连篇累牍地报道，说黄锦燊才是导致赵雅芝离婚的元凶。

离婚官司，绯闻缠身，令赵雅芝身心俱疲，不堪重负。最终尘埃落定，通过艰苦的争取，她终于同黄汉伟离了婚，并且争取到两个儿子的抚养权。

见到心爱的女孩重获自由身，黄锦燊的心里别提多开心。从此之后，他更加努力地对她好，他知道受过一次婚姻伤害的女孩很难再接受爱情，于是，他挽着她的手，轻轻地在她耳旁私语："时间可以证明一切。"

没有豪言壮语，没有海誓山盟，只是轻轻的一句："时间可以证明一切。"这足以代表一个男人娶一个女人的决心，要对她好一辈子的决心。

1985年，赵雅芝终于被黄锦燊的温柔和执着所打动，两个人在美国注册结婚。或许是因为对香港媒体的畏惧，赵雅芝将办理结婚手续的地点选在了美国。她或许想要在那里开始一场全新的婚姻。

然而这则婚讯还是很快就传到了香港，媒体又开始大做文章，就连公众也都不看好这段感情，理由是——这两个人太不般配。一个是当时香港正当红的女明星，一个是美国归来刚进娱乐圈的无名新人，无论是从身份地位还是相貌上来说，这两个人似乎都太不登对。然而聪慧的赵雅芝懂得，这个男人将是自己最不后悔的选择。

1987年，赵雅芝生下他们的孩子，也就是她的第三个儿子。对这段婚姻，赵雅芝有着比以往更多的珍惜和感恩。或许时光才是最弥足珍贵的老师，它教会人们去爱，更教会人们要放下，只有放下，才能优雅地重新去爱和被爱。

如今，两个人已经相伴走过30年的时光。我们依然能够从一些晚会上，看到这对璧人夫唱妇随的恩爱模样。她的样子一点也没有改变，依旧那么优雅，而他，永远都是她身旁唯一的护花使者。

"执'芝'之手，与'芝'偕老。"黄锦燊用他的行动向全世界证明，他真的做到了。

这样的相守和幸福，得来不易。或许是因为第一段婚姻的失败，使她更明白：要嫁就嫁给懂得。同时，这么多年风风雨雨地走过来,她非常感谢丈夫对自己的关心和体谅。多年以后,在接受采访时,她对家庭有这样的领悟:"我们很早就达成这样的共识:夫妻就是相互扶持。也许没有大家想象的那样轰轰烈烈,但是彼此之间的关怀却是从很多小事情体现的,哪怕只是对方偶尔递过来的一杯茶,你也会觉得很温暖。"

优雅地爱,优雅地被爱,时间终会证明一切。

选男人要选"温馨日常款"

一个如赵雅芝般明艳动人的美人,又合作了那么多或温润如玉或酷劲十足的当红小生,自然少不了令人遐想万千的感情故事。

比如无线当年风头正劲的小生郑少秋,和赵雅芝合作多次,可如果你问赵雅芝对他的感觉,她只是微微一笑:"戏里面那一刹那,一定会有的,因为你必须要真的有点感觉,真的要当成他是那个人物。"但是,她又强调:"下戏了以后就不会再有来电的感觉,因为我心目中理想的对象不是那种。"

后来,看她的选择,当然知道她理想的对象就是黄锦燊,可这是为什么呢？他既不帅，而且当时的知名度也不高。

两个人结婚以后，香港媒体紧抓"身份地位悬殊"一点，对他们的结合大做文章，很多标题都写《香港一线女星赵雅芝"下嫁"黄锦燊》，就连八卦小报也围绕"女强男弱"来报道。这一直是香港媒体的拿手好戏，细数娱乐圈风云二十年，有多少相爱的璧人因此劳燕分飞。我记得梅艳芳和赵文卓，就是不堪如此压力，被迫分手。

为了照顾家庭，为了维持一个家庭的稳定，赵雅芝不得已推掉很多片约，据粗略统计，那些年她推掉的片约多达二十部。演艺圈翻云覆雨，一部电影就可改变一个演员的命运，更何况是二十部。但后来每每提起，赵雅芝总是淡然一笑，说无怨无悔。

这个世界有太多诱惑，普通人想要忠于自己的爱情和婚姻都非易事，更何况是她这样的大明星。但她有自己的一套处理方式。

她是很厌恶八卦的，她说："我不喜欢绯闻，当然我也不会惧怕绯闻，因为做演员也没办法控制。只要我知道事实并不是报道的那样，我就不会惧怕。"

可能因为黄锦燊本身也在演艺圈，非常懂得身为演员的艰辛，因此跟赵雅芝有许多共同的话题。为了妻子，他很快转行做了律师，并且全力以赴支持妻子的事业——这就是夫妻之间的相处之道。她是一个智慧的女人，而他何尝不是一个有远见的男人？他知道赵雅芝已经为家庭付出了很多，而作为男人，他理应站出来，更好地去守护她。"将心比心"，事情总是说起来容易做起来难，爱情是一种感觉，但婚姻更多还是一种隐形的相互守约。因为我看到了你的忠诚，所以我愿无条件为你付出——这是他们两个人之间的默契和温馨。

在这30年间，看重家庭生活的赵雅芝选对了人，老公始终给自己很大的支撑，让她能够将三个孩子顺利抚养成人，培养得健康又有出息，而她自己也可以在60岁的年纪依旧保持女神般的优雅，成为全国女性羡慕的对象，这正是"军功章里有你的一半，也有我的一半"。

谈到婚姻，谈到老公，在接受记者采访时，她的喜悦之情溢于言表："我有工作出来的时候，两三天这样子，他也尽量抽时间陪我，挺辛苦的。他的付出可以说是为了家庭，也为了爱。"

但即使这样天作之合的一对，也需要在漫长的生活中不断磨合。赵雅芝坦言在生活中和丈夫也会有争执，每到这时，她总会以柔克刚,不忘提醒丈夫要控制情绪,因为发脾气不能解决任何问题,还损害身体健康。渐渐地,他们夫妻之间有了自己的一套相处模式。

自从出演电视剧《廉政公署》系列剧后黄锦燊很少接片,随后几年,逐步淡出影坛,退居二线,在妻子的支持下转行做起律师。为保持良好的形象,他曾跟影视业界朋友们表示,即使友情客串,也绝不会再饰演反派角色。

可能赵雅芝骨子里还是一个小女人,她是很依赖家庭和老公的人,不然我们就不会看到,那些大大小小的发布会,都有她和先生携手的场景。这不是我们经常提到的"秀恩爱",这是真的恩爱。

赵雅芝对爱情的态度从来就很坦然。早前接受采访,记者问她怎么看待儿子交女朋友的事,她微笑着回答:"只要那个女孩子是他喜欢的就好。我对他只有一个要求,就是一定要是好女孩。"在她最小的儿子黄恺杰公开女友后,她这个做母亲的就表示支持:"我觉得没有什么需要隐瞒的,艺人应该坦诚地去做人,他也像我,很忠于爱情。"

她最大的聪明,或许就是知道不管自己是何身份,走到哪里,永远清楚自己想要的是哪款男人。而黄锦燊这款男人,可能不够帅,不够有名气,但是他却能在最平凡的生活里陪伴自己,这正是她所渴望的"温馨日常款"。

是啊,婚姻就像选鞋子,一定要找一双合脚的,让人温馨的。

练习优雅：跟赵雅芝学做优雅女人

对于爱情，爱就珍惜，不爱就放下

有人说，爱情是一件卑微的事情，特别是初恋。就像当年的张爱玲遇上才子胡兰成，"见了他，她变得很低很低，低到尘埃里。但她心里是欢喜的，从尘埃里开出花来。"

当我们第一次爱上一个人时，天真地以为那便是一生一世，而那个人，值得我们赌上所有的幸运。可却不知，当你为一个人魂不守舍的时候，也是你彻底忘掉自己的时候，像陷入一个迷魂阵，全身心投入到别人的生活里。这样的生活，若不够幸运，会令你万劫不复。

21岁的赵雅芝，怀抱着对婚姻生活的美好幻想，在妈妈的安排下，很快就嫁了人，又很快地为丈夫生下两个儿子。婚后的生活，原本该充满温情和甜蜜，可渐渐成熟的她发现，丈夫一点都不体贴和关心自己，甚至越来越觉得，他不是自己可以依靠一生的人。

本身在演艺圈工作，身为一名演员，她的工作压力很大，拍戏回到家，她非但没有等来丈夫的宽慰，反而都是一些莫名其妙、伤人的猜忌。他一直在怀疑她跟自己的荧屏搭档有不正当的关系，这种猜忌让她难过。

这样的生活，不但令她无心工作，甚至连她最渴望的家庭，也都维持不下去。

终于，她的心碎了。既然对方不肯珍惜，那就离开。哪怕她是一位公众人物，离婚官司必定要闹得满城风雨。她原本念着情分，不愿与丈夫对簿公堂，可是为了得到两个孩子的抚养权，不得已还是走了这一步。

对她来说，不管是爱情还是婚姻，她始终在尽一个妻子的本分，去拿出全部的心思呵护与珍惜，但如今被迫离开，她也唯有放下。

皇天不负有心人，在她31岁这一年，遇到可以相伴一生的人。原本破碎的、不愿相信爱情的心，因他一句"时间可以证明一切"，又重新燃起爱的希望。

如今，他们已经风雨同舟共同度过了三十多个春秋。未来的人生，还将继续甜蜜幸福地携手。

所以，作为一个女性，不管你的年纪多大，不管你多看重感情，只要对方不值得你付出，你就没必要义无反顾。因为在你交出自己手中所有砝码的那一刻，你就注定是个失败者。

与其在一段错误的感情里浪费时间、损耗精力，不如清醒地离开，这样也许能早点遇到一份真正属于你的感情。

而一旦离开，就重新开始自己的生活吧，不要总回忆过往。要知道，"酷的人常回头，更酷的人朝前走"，回忆只是海市蜃楼。

我们要好好对待每一份爱情，但千万不要因为爱情忘记生活本来的面目。因为，爱情不是生活的全部。

年轻人的爱情，总是轻易就许诺一生一世，可真正成熟的爱情，从来都不惊天动地，而是细水长流，暖暖地流淌在你的生命里。像女神一样吧，爱就珍惜，不爱就放手，离开一个不属于你的男人，找到属于你的爱情。

不拘尘世，优雅也可以真性情

赵雅芝说，人要活得舒服满足，珍惜自己，珍惜一切就好。她这样说，也这样做。赵雅芝和第二任丈夫黄锦燊的婚姻已经走过30年。

如今的赵雅芝依旧优雅大方,在岁月的洗礼下愈发从容淡定。有老公和三个儿子的陪伴,赵雅芝会将这段"不老传说"演绎到最后。

她也说过,她的优雅,是一种习惯。

她的优雅,饱含着女性的真性情,也就是人们常说的感性。感性是一种直觉,一种率真,是女性天生就被赋予的礼物,它也包括善良、温暖、知足……这些美好的品质能让我们怀着一颗慈悲的心去看待世间万物。面对工作,认真踏实,从不抱怨;面对生活,积极乐观,充满阳光;面对朋友,讲求义气,不拘小节。不畏惧、不逃避、不将就,敢于活出真实的自我,将生活过成想要的样子。

王跃文在《我不懂味》里有这样一段话:"世上如果还有真要活下去的人们,就先敢说、敢笑、敢哭、敢怒、敢打。我真情愿妇女们首先做到如鲁迅所说的敢说、敢笑、敢哭、敢怒、敢打,哪怕她们因此变得不那么可爱,她们至少能以自己的头脑去思考,以自己的心灵去感受,是一个有真生命、真感情的独立的人,能自己把自己当人看。"

由此可见,优雅的女性也可以真性情,那么,如何才能做到呢？

首先，不管遇到任何事，要保持一颗淡定从容的心。优雅就是不慌不忙，不紧不慢，让自己维持一个你和别人都感到舒适的节奏。如今的社会压力越来越大，但越是这样，越要拥有一份从容，过好今天，简简单单。

其次，要对一切充满感恩，保持积极乐观的心态。优雅是一种自信的展示，不自信的女人，很难优雅。在这个瞬息万变的社会，女性理应坚定自己的立场和原则，有自己的想法，不随波逐流。

再次，要怀抱一颗善心，拥有一双充满爱的眼睛。赵雅芝就是一个心怀慈悲的人，可以说，她成功地扮演了上天所赋予的每个角色。她是温柔的妻子，开明的母亲，敬业的演员，善良的公益大使。有她在的地方，你总能看到阳光，她将自己心中的爱，无私地奉献给这个社会。这样的女人，谁敢说她是不优雅的呢？

最后，真性情的女性懂得宽容，心胸豁达。不管她遇到怎样不公平的事，总能心平气和地去面对、处理，即便自身的利益有所损失，也仍然能够做到宽容，自带优雅光环。

真性情的女性，正如一阵清风，可以吹散人心头的乌云。不管境遇如何，永远保留一份天真。

对生活，别总是太过用力

如果你问一个人，她对赵雅芝有何印象，相信她一定会说，淡淡的，轻轻的，浅浅的。她的一举一动，她的一颦一笑，都是这样缓缓深入人心，没有急躁，没有功利。

俗话说："欲速则不达。"太过用力的感情，似乎总是得不到好结局。其实，享受生活真的很简单，只要你做到有计划地去过每一天，人生自然就变得从容许多。

或许是现代社会的生活压力过大，人们追求物欲的心情越发强烈，越来越多的人开始迷恋黑夜，开始失眠。而白天又在焦灼中拉开序幕，忙着上班，忙着挣钱，似乎连空气中都飘满钱的味道……信息化时代将人们的时间割裂成碎片，每个人都变成手机族，低头族，生怕一不小心就遗漏了什么重要信息。

记得去年过年回家，老人们谈起年轻一代，总要说："孩子们现在看手机都看傻了，连吃饭也拿着玩，一分钟都离不了。"是啊，回想一下，我们好不容易和朋友见了面，却顾不上交流心情，两个人面对面地刷着朋友圈。这样的生活，未免过于用力。

或许是我们理解错了社会，以为拥有足够多的金钱就能拥有幸福，这种贪婪的物欲令我们对金钱充满渴望，使我们内心慌张，以为抓紧时间分秒必争去奋斗，就一定能够收获自己想要的一切。贪婪像一个黑色的恶魔，不断吞噬着我们最后一口气。在这场追逐中，人们用力地生活，逐渐丢失了本心，彻底沦为生活的奴隶。

在都市生活的我们，上班路上怕堵，工作竞争怕输，就连生活质量也怕比别人落后，怕自己挣得少，怕回家没脸面，怕一年到头什么都没挣到没脸回家。

要知道但凡使力，总会引发事物的变化，与其提心吊胆地努力，不如适时放松身心，从容淡定地面对一切。遇到困难时，给自己一个微笑；下班后，听听音乐，练会儿瑜伽，来一场身体与精神上的彻底放松。

不管发生什么，记住凡事别跟自己过不去，生活虽然是残酷的，但生活永远都值得用心对待。但用心不是用力，保持一个轻松的节奏，让自己处于一种舒适的环境，更有利于事物朝着正面去发展。

我很喜欢一种人的心境，"因上努力，果上随缘"，这类人，不会把结果看得那么重要，即便是失败，也能从容接受。这种人，生活随心，永远知道天意难改，虽然人力可为，凡事但求无愧于心就好。最重要的是，对生活太用力，人很容易陷入疲累中，很容易为了达到一定的目的去为难自己。到最后，甚至会丧失对生活的热情。

最喜欢的生活无非是："看天上云卷云舒，观庭前花开花落。"学会适时享受当下，保持一份淡然的心境，人自然会变得清爽。

静下心来做哪怕一件很小的事情，也会帮助你暂时远离那份焦虑，从而收获一份平静。相信我吧，这世上原本就没有那么多需要一天就解决的事情，是你自己在逼迫而已，轻轻爱，慢慢走，你一样可以回到木心的时代。"从前的日色变得慢，车，马，邮件都慢，一生只够爱一个人。"在这个快速发展的时代，让你的心静下来，慢慢地享受人生吧。

第六章

重返荧屏,英姿犹存

绽放优雅：赵雅芝的人生轨迹

《西关大少》尽显女子柔情

2003年，停工许久的赵雅芝宣布复出，复出后接拍了电视剧《西关大少》，该剧讲述了20年代广州一家名为"广运船行"的故事。赵雅芝在里面饰演女主角伍玉卿。

民国大家族的政治婚姻，两个出身的云泥之别，再加上周家各方人的明争暗斗，所有恩怨情仇由此而生。

玉卿小时候被卖给了周家做下人，由此认识了当时是小少爷的明轩。两个孩子，日日相见，有着青梅竹马般的感情。

明轩是一个性情严肃的人，镜头切到他脸上时他总是板着一副面孔，不苟言笑。作为船行的老板，他做事一向严谨，令下属非常畏惧。如果不是因为家族需要他娶一位有家世的大小姐，恐怕他的妻子只会是伍玉卿。

然而他还是对所有人说出了他的想法，宣布要娶玉卿做妻子，给她一个名分，让她和自己的原配平起平坐，并且要大办婚礼。

那天之后，一切开始变得不同，她可以开心地挽着明轩的手说悄悄话。明轩也能抽出假期的时间，和玉卿一块去乡下看望她的曾祖母，并且当着老人家的面发愿："以后她一定会有好日子过，因为她可以和自己心爱的人在一起，她可以名正言顺地做我周明轩的太太，做我周家的媳妇。"

然而爱情终究不能圆满，明轩随后病倒，竟在医院查出是肝癌。得知消息的那刻，明轩如五雷轰顶，天塌地陷。想到自己无法兑现给她的诺言，他拖着病重的身体在医院给家里打电话，勒令玉卿立即停止操办婚礼，并且再也别来烦他。

不得不说刘松仁的演技很好，把一个重病颓废的中年人演出了心痛的感觉，惹看的人涕泪俱下，久久不能释怀。而赵雅芝所饰演的伍玉卿外柔内刚，内心有一股坚持。或许是因为能走到今天实属不易，她坚持操办婚礼。甚至当德容撕毁她准备好的请柬，周家老爷气她不知体贴明轩，所有人都在埋怨她顽固时，她仍然没想过放弃，除非明轩自己亲口跟她说。

她以为她不会等到的。然而此时回到家中的明轩，已是一个无比憔悴的拄着拐杖的中年男子。他看着对他充满期待的玉卿，冷冷地命令她："你不要固执！一切都完了！完了！婚礼停止筹办!"

坚强了许久的玉卿终于泪如雨下。观众永远都会记得赵雅芝那一刻因痛苦而略显涣散的眼神。

然而皇天不负有心人,她最后还是决定陪他一起渡过难关。他的病情越来越严重,几乎每天都会晕倒,他醒来时她永远都在他的身边。到最后明轩还是离去了,只留下怀着他们孩子的玉卿。

四个月之后,玉卿翻看着他们的新婚照片,淡淡诉说着她的现在,眼神里既有对过去的缅怀,也有对未来的希冀。这样一个女人怎能不叫人垂怜?她失去了这辈子唯一的庇护,今后在这偌大的周家,只能独自承受一切。以后的漫漫长夜,也只有她一个人默默饮泣了。

《西关大少》前半部每个人物的命运都跌宕起伏,充满险阻。广运船行濒临崩溃之际,周明轩始终端着一个男人应有的姿态。当他笑对命运一次次的考验,顽强地帮助整个家族重建时,冥冥中似乎有种"与天斗,其乐无穷"的感觉。而另一条则是他的感情线,是他与伍玉卿长达20年的情爱纠葛。刘松仁所饰演的周明轩既是家族可依靠的老爷,又是玉卿深爱的男人。功力深厚的他将明轩每一次的心理变化都表达得淋漓尽致。

而这部剧的女主角赵雅芝则发挥出她一贯的演技，演活了一个悲情女子。她对明轩的感情，一个眼神就足以表露。这当然需要很深的功力。

在如今电视剧大都粗制滥造的当口，回看那年的《西关大少》，看看重情重义的周明轩和悲情优雅的伍玉卿，重温两个人诚挚的感情，你或许会再一次回到那个动人的年代。

《杨门虎将》最具风范佘太君

时间过去这么久，仍可以记起当初第一眼看到赵雅芝饰演的佘太君时的惊艳。在中国，杨家将的故事几乎家喻户晓。

以前看过的佘太君正义凛然，然而母性光辉不足。但赵雅芝这版可以说是从这个方面做了弥补。

提起佘赛花，我相信没有人不竖大拇指的。她将七个儿子培养成人，又亲自把他们一一送上战场。她对儿子们的爱不是溺爱，而是一种近乎朋友式的关怀。不管是在何种艰险境地，她始终以国家安危为己任。杨家一门忠烈，哪怕自己深爱的孩子战死沙场也在所不惜，只为报答朝廷的赏识之恩。

这样一位伟大的母亲做起来不容易。

或许是因为彼时早已为人母的赵雅芝从未对自己的三个儿子溺爱过。她将佘赛花那种与众不同的母爱表达得很到位。印象最深刻的是"四郎探母"的一场戏。

杨四郎为了活命将计就计投靠外敌。因不放心家中老母,他深更半夜骑了快马前来营房探望她。而佘赛花对即将见面的儿子既爱又恨,恨是因为她不知道四郎是佯装投降,以为儿子不堪受辱已将杨家的忠烈置之脑后;爱是因为他毕竟是自己生养二十余载的孩子,天底下哪有母亲不爱自己的孩子……

赵雅芝将这种误解之下的爱恨拿捏得恰到好处,非常自然,演活了爱恨纠结中的佘太君。当她得知真相后,眼泪从两颊滑落,观众可以通过芝姐的表演感受到佘太君内心深处的愧疚和感动。

另外,剧中杨、佘二人的爱情也颇有看点。赵雅芝所饰演的佘太君与杨业的正气凛然、外刚内柔形成鲜明的对比。她温柔贤淑,外柔内刚,甚至总能在杨业不知该如何处理突发大事时挺身而出,一显巾帼不让须眉之风采。

杨业遇害后,佘太君的眼神中既有悲怆又有顽强。她接过主帅的旗帜号令杨家将重整旗鼓,誓要为保卫江山社稷流干最后一滴血。这样坚忍的女性形象,被外表柔弱的赵雅芝拿捏得相当精准。

剧中有一个场景最令人动容。那就是当六郎一身缟素地出现在她面前,痛苦嘶声地说"能回来的都回来了"的时候,她终于不堪打击,重重地晕厥过去。在成为女强人之前她只是一个平凡的母亲,一想到她的孩子们一个个战死在沙场,她怎能不悲痛欲绝?但想到杨家还要她支撑,所以在短暂的休憩后,她又顽强地站了起来,继续支撑起这个支离破碎的家。这些细节赵雅芝都表现得很完美,凭精湛的演技紧抓人心。

一个成功的演员能够将一个传说中的人物演得活灵活现,使观众们相信那个人物本就该是如此。赵雅芝以其精湛的演技演活了顽强不屈的佘赛花。

《青花》呈现50岁的优雅

2004年赵雅芝接拍了电视剧《青花》,这一年她50岁。此时的她已经尝过了爱情的滋味,体会到家庭的温暖,整个人由内而外地表现出一种迷人的优雅。岁月给她的生命注入了更多精彩,却将她的容颜与身材永远地留在某个春天。看着这样的她,你一点都不会觉得"时间是女人的天敌"。

《青花》以瓷都景德镇的制瓷业为背景,以传世国宝"青花日月樽"为线索,讲述了民国时期薄家、司马家两个制瓷家族和中日两个民族间的爱恨情仇。赵雅芝在里面饰演的角色名叫夏鱼儿。

这个角色与她以往的角色是有些不同的。剧中,夏鱼儿与自己的女儿小文爱上了同一个男人——任凭风。小文的爱炽烈,夏鱼儿的爱深刻。赵雅芝的生命里从未有过夏鱼儿的爱情体验,但岁月却让她懂得如何将人物演得更为逼真。

复出后的赵雅芝对演戏有了更深层次的领悟。她在接受采访时曾说:"我演戏很挑剔,先看剧本和角色,再去了解制作班底,合适的我才接拍。所以我拍戏的产量一直不是很高,差不多三年拍两部。真的没有合适剧本的话,我宁愿休息一阵子。"而之所以会选择接演《青花》,她是这样说的:"起先是因为剧本,然后是角色,另外就是听别人和我说这个导演挺不一般的,他本身是一个书法家,但是他对拍电影和电视方面感兴趣,于是去学了一个如何导演的课程。我觉得这种情况挺新鲜的,所以我就要求看看他的作品。他拍的第一部作品非常出色,就是《走出蓝水河》,我看了之后非常欣赏。很多导演拍了一辈子戏,也拍不出自己的风格。但是平江锁金的第一部戏就已经拍出了自己的风格,也展现了他在书法和导演方面的才华,在剧里很多书画是他自己亲笔画的。这个不一般的导演吸引了我,我就接拍了。"

当记者问到赵雅芝如何看待自己饰演的角色时,她依然很有见解:"夏鱼儿不仅在事业方面扮演着重要角色,在家中也扮演了非常重要的角色。她是一个寡妇,除了独立支撑家族事业以外,她也需要独立解决家中琐事。尤其是两个女儿的教育问题,一个女儿很叛逆,另一个女儿又天生残疾。夏鱼儿本身是背负很多包袱的女性,所以可以说这是比较难演的角色。"

当谈到这一角色所面临的情感体验时,赵雅芝也相当坦诚:"这部分是最难把握的,因为我们俩同时爱上了戏中的任凭风。他是一个出现在这个乡镇里面的英雄人物,所以夏鱼儿爱上了他。但是她的大女儿也爱上了他,所以对夏鱼儿来说处理这段感情非常困难。一方面她不愿意伤了女儿的心,另一方面又不得不去教育她。作为一个母亲来说,我可以体会夏鱼儿的感受。但是因为我在生活中没有遇到这样的事,所以我只能靠凭空的想象和剧本上的内容去演。"

赵雅芝的回答就像她温柔如水的性格一样，总是那么低调优雅。事实证明，她以50岁的年纪在《青花》中成功塑造了一个外表柔弱但内心刚强的夏鱼儿。

在这部戏里，赵雅芝与德高望重的斯琴高娃老师有合作。她非常开心能与这样一位优秀的演员合作："在我心中高娃老师属于演技派，她非常有经验，她的演技也非常高超，跟她合作当然很愉快。"

《青花》拍摄完毕之后，有消息透露，赵雅芝会拍《上海滩》续集。这也是吕良伟在意的事，但因为迟迟没有满意的剧本，所以只能搁浅。

值得肯定的是，芝姐是一个热爱学习的人。因为崇拜导演写得一手好的毛笔字，她在拍戏期间，还希望能够拜他为师，认真研习书法。除此以外，因为拍了《青花》，她对瓷器也有了更多的了解，并表示："我会更加珍惜和欣赏瓷器，我们的国粹能够流传到现在，我为此感到骄傲。"

练习优雅：跟赵雅芝学做优雅女人

保持心态，随时可以重新出发

2003年，息影许久的赵雅芝重新回到观众的视野。她的回归不带任何的功利性，因为她始终按照自己的节奏协调家庭和工作的矛盾。如今重新回归，是因为她的三个孩子都已长大成人，她可以自由地将更多的精力奉献给自己的事业。

50岁的赵雅芝成了岁月的美人。她的笑容依旧明媚，所以不惧重新出发。岁月给了她更多的优雅，也使她的心境变得更加豁达从容。回首过往，她感恩粉丝的一路同行，并且也以一颗真心回馈大家对她的喜爱。

为什么她一路走来总是这样不慌不忙？赵雅芝自己的理解是："很多媒体跟我讲，我外表看起来很文弱，问我是不是外柔内刚？我说其实我也算是外刚。比如说家里换一个电灯泡，一般弱不禁风的女孩子不会去做，但我都会去做。"除此以外，她相当懂得控制自己的情绪和脾气："我发脾气不多，因为我觉得发脾气没有用,得不到效果,伤了自己,也伤了别人的感情。我觉得那样不划算,我比较会控制自己的情绪。"

她自然有重新出发的底气,这种底气来自她精心呵护的家庭。"我们结婚很多年,彼此都没有厌倦对方。如何能做到这点,有一个很简单的方法,不要把对方看成是你结了婚的老公或老婆,而是看成恋爱时的男朋友或女朋友,珍惜他(她),感激他(她)。……其实我觉得每个人都会有压力,关键看你自己怎么去化解。有时候要把压力当成是一个鞭策,有压力才会让自己进步。尤其是当你遇到困难时,你有能力去克服这个困难,这时候你就会有成就感。所以我觉得应该用一种积极的态度去面对压力。"

当然,她的心态一直都是非常棒的:"我最主要是活得开心。开心有很多种,平淡也是开心,开心在于你怎么享受自己的生活,去珍惜、享受目前所拥有的一切。不一定非要达到某个人的要求,每个人有每个人的想法,不要和别人比。在目前阶段,这些我做得很好,我想这一点是最重要的。同时还可以增加自信。"

而回首自己做新人时,赵雅芝又这样说道:"当你不能把握什么是正确的时候,从工作中一点一滴累积是最困难的。但是我觉得做事情不要怕困难，我原来没有读过演艺，现在都有一些专门教演艺的学校。我那时候没有经过这么专业的训练，不知道怎么拍戏，只能慢慢学习。可以说幸运，也可以说不幸运，因为一开始我就出演了一个很重要的角色，而观众不会因为你是新人，就原谅你演得不好。所以对我来说，当时是非常困难的。"

从芝姐的身上我们可以感受到当下很流行的四个字："不忘初心。"

幸福是一种乐观的心态

50岁重返荧屏的芝姐虽然不再有令她红透全国的"白娘子""冯程程"角色，但她却以一身优雅打败了时光，将自己活成了幸福的模样。她让人们懂得女人的幸福是可以靠自己的双手打拼出来的。

她心目中的理想男士是这样的："负责、顾家、努力，可以有一点幽默感，我想这样的男性才是女性心目中最理想的。"

她最快乐的事情来自于生活和家人："我想最快乐的事情

就是分享家人的快乐，或者说分享孩子的快乐，能够互相分享是最重要的。最痛苦的事情就是做完一件事，觉得没有尽心尽力。除了后悔和遗憾以外，最痛苦的是不能原谅自己。"

因此她可以在自己最红的时候选择隐退，回归家庭，全心全意照顾三个孩子。因为她认为："这是作为母亲的最基本的责任。孩子们除了学校学习，有自己的个性之外，我希望他们最基本的是学会分辨是非。很多时候我们会尽量多交流，多花时间跟他们聊天，这样大家彼此会了解。"

她对自己的角色亦有非常清晰的认知："我既是一个演艺工作者，也是一个普通人，我没有把自己当成明星。这只是我的一个工作，一份职业。很多时候需要宣传的时候，我自己根据场合选择衣服搭配。平常我都是母亲的角色，就是一个平凡人。"并且她对幸福有自己的见解："幸福不幸福就是每个人怎么看自己，其实每个人都有自己的烦恼和难题，但是要抱着积极的态度处理。我觉得幸福是自己争取的。"

她面对生活的心态始终积极乐观。她说："其实每段人生中的经历都是对自己以后的积淀。"

她这一生最大的失败就是失去第一段婚姻。但回首过往她并不后悔，反而很感谢这段婚姻教会自己很多东西，让自己成熟很多。"初恋的时候很单纯，觉得女孩子要以家庭为主。读完书也不需要有自己的事业，只需要结婚生子，一生就这样过去，我也没谈过很多次恋爱就结婚了。所以我第一次婚姻失败对我来说是一个经验，也是一个很好的教训。让我明白原来世界上很多事情并不是想象中那么完美。这个想法让我现在不怕面对困难，不怕面对压力，我会用积极的态度去处理事情。我觉得积极地面对人生是很重要的。"

正因为不管遇到怎样的坎坷，一路走来她始终能以一份淡然从容的心态去面对生活。就算身陷囹圄也能保持乐观积极的心态，才使她拥有了一生的幸福。在岁月的锤炼下，活出了属于自己的美丽。

这样美丽又有魅力的芝姐值得我们每个人学习。

第七章 人人想做赵雅芝

绽放优雅：赵雅芝的人生轨迹

先有家庭，后有事业

1992年，赵雅芝凭借《新白娘子传奇》大火之后，就很少出现在荧屏上了。这实在太不符合常理了，按照人们追名逐利的一贯做法，难道不该是趁着大红大紫时多接片约，争取事业再上一层楼吗？但赵雅芝就偏偏从公众的视野里消失了。其实她只是回家专心做妻子和母亲了。

复出后，赵雅芝发现事业家庭之间还是会有冲突，觉得对不起丈夫孩子，于是隔一段时间就会放下工作陪他们。早前她在接受采访时坦承："我是一个把工作和生活分得很开的人，如果这两样有冲突，我的第一选择是家庭。"

1984年，赵雅芝以第一主角出演了中国第一部皇家女警电影《傻探出更》，此后就很少接片。1987年生下小儿子之后更因三个儿子需要抚养而息影。在巅峰时期选择隐退，回家相夫教子，人们问赵雅芝是否有遗憾，她的回答永远都是："我没有遗憾。家庭更需要我，我就去照顾家庭。等孩子长大了不用操心，工作需要我时我就去工作。"她最大的心愿就是能当一个漂亮的好妈妈，就像她自己说的："我想时代一天天进步，孩子们一天天长大，漂亮妈妈也应能够跟时代接轨，不断提升自己，不要落伍。要跟孩子们多沟通，要多关爱他们，自己除了要做个漂亮妈妈之外，做个好妈妈也非常重要！"

因为她总是这样顾家，所以她在接拍《新白娘子传奇》时对剧组只有一个要求：定时让她回家看孩子。具体是拍十天就允许她回家，因为她要陪三个孩子做功课。

但是她知道工作也很重要，所以为了能有足够的时间回家，在剧组时她就整天不休工，别人休息时她都主动要求拍戏，工作起来可以说是连轴转。那段日子她在母亲和演员两个角色中来回切换，忙碌又充实。

赵雅芝在演艺圈是一个"拍片只看假期不看片酬"的巨星。这在当年实属少见，在今天就更不容易了。

或许你会说，连拍戏都在操心孩子们的功课，赵雅芝一定很严苛。但是她与孩子们的相处更像是朋友关系。

2008年，赵雅芝、黄恺杰母子俩第一次一起登上舞台，站在公众的面前。当时黄恺杰是以"妈妈的助理"身份去的，没想到一到上海就阴差阳错地被"借"去当某位女演员的红毯男伴。从来没有过这样经验的黄恺杰很紧张。他走下舞台后,赵雅芝对他说的第一句话是:"你要练好普通话,因为你沟通不好,讲得不清楚,人家就可能误会你。以后要做访问,没想清楚就不要做。"

2014年冬天,由黄恺杰主演的电影《对不起,我爱你》上映。采访中,他表示自己很紧张,也很期待能用自己的实力去打动观众,而不想要借"星二代"的身份走捷径。记者问他:"首次拍电影,妈妈赵雅芝有给一些指导吗?"

黄恺杰很认真地回道:"我希望通过自己的努力去拍戏,所以我才会选择去北京电影学院读研究生。父母很少给我专业的意见和建议,一般我有什么疑问会和学校的导师探讨。在剧组时,就和导演沟通比较多,或者和前辈老师探讨,比如一场戏怎么处理会比较好。"

当记者问到拍摄期间母亲有没有去探班时,他回答说:"父亲来过一次,母亲很少来。这是因为我们达成过一个共识,就是他们会尽量不影响我的工作,所以探班会比较少。但我们几乎每天都会通电话,了解彼此在做什么,或者一起讨论工作。"

比较好玩的是,他曾在参加某节目时表示自己儿时想成为一名飞行员,也有一个飞行梦。这和妈妈赵雅芝从小想当空姐的梦想不谋而合!而对于自己"星二代"的身份,他现在也变得不再过多计较,并表示:"这样并没有不好。但对于我来说,也意味着需要付出比别人更多的努力才能得到认可。我是一个追求完美的人,我喜欢拼搏努力的过程。"其实在他的眼中,妈妈赵雅芝更多的时候只是一位家庭主妇,"可能在别人眼里她很不一样,好像不食人间烟火。虽然我知道她的职业是演员,但在我眼里她和普通妈妈没什么区别。小时候她会接我放学,会帮我温习功课。我甚至是到大学才看到她的作品《新白娘子传奇》。"

之所以会这样,跟赵雅芝对孩子的教育观念有关,她曾表示:"自己不会给孩子铺路,他选了演戏这条路,我们就都有一个默契,不会很刻意地去为他铺路。他应该靠自己的努力,毕竟他是男孩子,需要多磨炼。"

除此以外,他们更像朋友关系。赵雅芝也很注重培养孩子的兴趣爱好,平常都会鼓励儿子多参加课外活动,比如弹钢琴、游泳、打篮球。她从不勉强孩子,"主要看他喜欢什么"。

黄恺杰是在美国念的大学,学的是金融专业。大学毕业后,还是觉得对电影感兴趣,就报考了北京电影学院表演系的研究生。他说踏进演艺圈其实是他自己的选择,父母只是给他提了个醒:"这个行业很辛苦,不是你想象中那么光彩。"但他有自己的目标和偶像,他坦言:"自己很喜欢莱昂纳多,希望成为他那样的演员。"

在对儿子的教育上,赵雅芝从未想过要把他培养成一个明星,但也不抵触和儿子一起拍戏:"完全就是看孩子个人的兴趣。"

这位温柔聪慧的母亲特别懂得不给孩子施加不必要的压力,尽量为他营造一个温馨舒适的环境,让他们健康成长。因为这样的贴心,赵雅芝多次被媒体评为"榜样妈妈"。

明确底线,成熟女性不暧昧(一)

郑少秋和赵雅芝在一起缔造了多部经典。那个年代的很多观众始终怀念年轻的他们,怀念那些经典的角色,"似乎只有他们两个在一起合作才能真正达到完美。"

两个演员的合作是需要有灵魂注入的。对方的一个眼神、一个动作、一个微笑,不用多说,一切都能了然于心。或许是因为密切的合作，在台下两人也有非常好的交情。观众们每当提起其中一人，另一人便呼之欲出，那份默契不言而喻。

到今天，他们之间的友谊已经陪伴他们走过了40年之久。人生能有几个40年？能够经受住时间的考验，这样的友谊自然根深蒂固。

赵雅芝和郑少秋自然是有缘分的。1976年她第一次进入演艺圈，就以女主角的身份出演许冠文的年度票房冠军电影《半斤八两》，凭借此片在电影圈走红；而郑少秋这位无线力捧的当红小生，也以电视剧《书剑恩仇录》里饰演的红花会总舵主陈家洛的角色开始红透香江，并影响到东南亚地区。

大概因为有了各自的辉煌，所以1977年在公司的安排下，两人第一次在电视剧《大报复》里合作。1978年1月2日，TVB开年大戏《大亨》开播，此番两人在剧中又有合作。温柔的赵雅芝，俊美的郑少秋，很快就被观众公认为一对非常完美的荧屏情侣。谈起与郑少秋的合作，赵雅芝说："一开始，我拍起戏来总觉得自己不投入，而且提不起什么兴趣。但自从《大亨》后，我的思想有了一些改观。尤其在与郑少秋演了对手戏后，他绝佳的表现、精湛的演技影响了我，使我获益不少。"

他们之间的磨合越来越好，相互之间有了更多的默契。观众的反响也在促成这对金童玉女继续合作。《大亨》不久之后，两人又合作了电视剧《倚天屠龙记》。只是这次，他们无缘在戏中结为夫妻。他饰演了风流潇洒的张无忌，而她却饰演了心狠手辣的周芷若。但也正是这个角色，令观众看到赵雅芝在演技上的突破。她用她的实力告诉人们——除了可以演绎一些清纯善良的角色，真要起狠来，她也非常厉害。

1979年，电视剧《楚留香传奇》播出了。这部剧令郑少秋与赵雅芝这对荧屏情侣彻底火遍全国。一个是神采飞扬、风度翩翩的盗帅楚留香，一个是楚楚动人、情义满满的苏蓉蓉。尽管楚留香的身边美人如云，可最爱的只有苏蓉蓉。

虽然在剧中他们最后没能走到一起，苏蓉蓉宛如一朵初绽的鲜花落寞地凋谢在香帅的眼泪里，但观众却记住了他们相爱时的点点滴滴。这部剧火到什么程度呢？据说在台湾播放的时候，人们只知道楚留香的扮演者是郑少秋，却不知道《楚留香传奇》的原著作者是古龙，古龙每每提及此事时还有些许"吃醋"呢。

到了80年代，此时的"秋芝"搭配已是绝对的收视保证。TVB趁热打铁为他们量身打造多部作品，诸如《飞鹰》《烽火飞花》《双面人》……同样的演员，经典的组合，观众百看不厌。

当时特别火的香港杂志《香港电视》以两人的合照为封面，并且开辟版面大篇幅专门报道。记者采访当时的赵雅芝，问她对秋官的看法。赵雅芝侃侃而谈，对着镜头大赞："谁不知他又叫作'郑潇洒'！"

做这段采访时，记者探班《烽火飞花》剧组，并对"秋芝"分别进行采访。记者问赵雅芝："你认为怎样的男士是完美的？"赵雅芝回答："美与丑对男人来说不大重要，重要的是要有男子气概，有男人味，思想成熟。"记者借此打趣，问她觉得秋官如何，赵雅芝微笑着说："他啊，他是有名的'郑潇洒'。不过，他的确没架子，待人随和，最喜欢讲笑话，和他一起工作会感到特别轻松愉快。"

而记者在采访郑少秋时也故意"使坏"，问他怎么看待选美的问题，秋官笑答："是男人当然都喜欢美女啦！"又问他喜欢什么类型的女孩子，秋官说他喜欢爱笑的女孩。绕了半天终究还是回到觉得阿芝怎样的问题上，对此，郑少秋的看法是："她似一只依人小鸟，令男人想要去保护她。"又说："我同意吕良伟的说法，阿芝对人无心机，心无城府，同她交朋友信得过。"

其后，因郑少秋与TVB约满，赵雅芝也要照顾家庭，所以两个人一直没有再合作。直到另一个巅峰时期——1992年播出的《戏说乾隆》中，赵雅芝一人分饰三角，她既是飒爽英姿的程淮秀，也是明艳照人的金无箴，更是爱憎分明的沈芳，郑少秋饰演多情的乾隆皇帝。一部戏有三个角色的合作，喜欢"秋芝"的观众可谓是过足了戏瘾。

虽然三段感情都没能开花结果，但赵雅芝饰演的角色永远地留在了荧屏上。通过这次合作两个人的友谊也更加深厚。

大概是因为经常在一起合作，观众或许也很想让他们从荧屏情侣变成真实情侣，加上很多媒体爱炒作，所以两人之间也传过一些绯闻。但赵雅芝深谙这个圈子的规矩，她相信自己和秋官都是聪明人。她明确地告诉记者：虽然自己一直忙于拍戏，但丈夫都会尽量陪自己。很多时候，丈夫会驾车接送她上下班，所以公司很多人都认识他。

可见赵雅芝对自己的婚姻是十分保护的。而郑少秋但凡在公开场合被问及赵雅芝，也总是对她赞不绝口。他说他们曾不分昼夜地在一起拍戏，朝夕相对，共处的时间甚至比和家人还要多，对赵雅芝他心里自然是有一份真情在的。但他和阿芝都已是心智成熟的人，知道什么该做，什么不该做。"一个让人心动的女子，并不一定要拥有她，远远欣赏就好。"

明确底线，成熟女性不暧昧（二）

都说秋官和芝姐的关系是在戏中与现实中同时建立的，就像在赵雅芝所饰演的苏蓉蓉的眼中，香帅是她的大哥，是她唯一可以信任的人，所以她才会毫无顾忌地依赖，无怨无悔地付出。

两人初遇时赵雅芝是刚进入演艺圈讨生活的小妹妹，而郑少秋已经是无线力捧的当红小生，有了一定的"江湖地位"。赵雅芝曾说，她能有今天离不开秋官无私的帮助和关怀。是啊，想起那些一起切磋演技的日日夜夜，其中的辛酸与成长，只有他们自己才能体会。

她忘不了秋官教自己演戏的点点滴滴，她说会永远记得他的恩情。她每每上台表演，只要一旁有郑少秋在，不管是演戏还是唱歌她都能更加沉稳，因为她的心里觉得踏实。

在残酷的演艺圈，她恰恰是那种遇强则强的人。虽然刚开始会很难，但只要有人指点一下，她很快就能领悟。幸运的是她遇到了好心的秋官。他们在戏里有越来越多的互动，也一起参加各种节目。从1979年的"热情桑巴"到1981年慈善运动会，从"1981TVB星光熠熠劲争辉"的踢踏舞到1987年

"TVB群星璀璨二十年台庆"……两个人始终是荧屏上的最佳拍档。

如果不是性情相投，他们怎会如此频繁地搭档出现？电视剧里合作的情侣组合很多，但有哪一对能如他们这样交心呢？

再看他们二人拍的合照，秋官总像个大哥哥一样揽着阿芝。而前排的赵雅芝，正笑得一脸灿烂。这种默契绝对是演不出来的。

犹记得2005年5月份，在郑少秋的演唱会快要结束的时候，身着黑色西装的郑少秋牵着一个女子的手缓缓地走到舞台中央。那女子白衣飘飘，仙气十足，定睛一看，正是观众喜欢的女星赵雅芝！上台谢幕时，尽管台上有着"一王四后"的阵容，但他始终紧紧地握着赵雅芝的手。她说他因为排练瘦了许多，令他感动到掉眼泪；为了庆祝他的演唱会成功，她撒娇一样地在他的额头轻轻留下一个吻，被他戏称"在这里盖个印"；《倚天屠龙记》的音乐响起，他望着她深情地说："周芷若在这里。"早年不管是在新加坡的演唱会，还是在台湾的《楚留香传奇》的发布会，他们从来没有分开过。

看着情如知己的两人，长大后的我们终于能够明白——男女之间不一定必须是爱人关系，有一种情谊比爱情更加长久、深厚，郑少秋和赵雅芝，就像何炅和谢娜。这种细水长流的温情虽然不如爱情来得猛烈，却会永远烙在彼此的生命里。

两人最近的一次同台，是在2015年江苏卫视的春晚。时隔多年，秋官再一次在舞台上牵起了阿芝的手，一起演唱了《戏说乾隆》里的主题曲《问情》，绚丽舞台上那相互对望的眼神，胜过了千言万语，那一刻，他们仿佛从未分离……

转战电视圈，对自我认知清晰

刚进影视圈时，赵雅芝也拍过一些电影。无论是在许冠文的喜剧电影《半斤八两》中，还是在吴宇森的电影《发钱寒》中，赵雅芝都有不俗的表现，这两部电影让赵雅芝的演技得到肯定。邵氏曾以高片酬请她并签长约，但被赵雅芝婉拒。那个时候她心里有自己的打算。她觉得拍电视剧更自由一些，她是个喜欢自由的人。"我喜欢电视剧的模式，电视剧有剧本，你可以提前看剧本做功课，准备好了再上场。"

赵雅芝表示："我可能是一个比较理性的人，或者说我在做一件事情之前希望自己能够充分准备好。"

沉稳地演戏、生活、做自己本来就是她的特点。

因种种缘由,她在竞争愈加激烈的80年代中后期毫不犹豫地转战电视圈,并且将事业中心转移到了台湾,先后拍摄了《戏说乾隆》和《新白娘子传奇》,都取得了不俗的成绩。因为角色与个性的定位,赵雅芝以她楚楚动人的温婉形象,不费吹灰之力就征服了台湾市场,同时无数内地观众也为她倾倒。她成为一代人心目中无可替代的优雅女神。

她的选择与早期TVB另一位花旦恰恰相反,那就是人称TVB"一姐"的汪明荃。汪明荃的人生可用哥哥张国荣的一首歌来总结:每一分钟都在进取。因为太过重视自己的事业,汪明荃至今没有生儿育女,如今我们依然能够在舞台上看到她活跃的身影。很多时候,她还和她的先生合作表演。这样一个热爱事业的女强人自然值得我们尊敬,她的努力也得到了上天的回馈,三十多年过去了,谁不知晓"一姐"的威名。我个人非常喜欢她在纪念任白仙逝十周年晚会上,与哥哥张国荣共同演绎的粤剧《帝女花》。阿姐一身深紫色旗袍,精神饱满,字正腔圆,一身贵族气质令人难以忘怀。

赵雅芝则凡事以家庭为重。在20世纪80年代片酬涨至最高峰时,因要照顾孩子她果断拒绝拍戏。后来她的三个儿子各自成人，家庭幸福美满。一切果真如她说的那样，家庭需要她就照顾家庭，可以做工作了，她就认真回来工作。这样有智慧的女人，太令人艳羡。反观现在很多年轻人，生怕一不上班就落后很多，以至于为了工作发展不屑于恋爱，也顾不上结婚，到最后事业没成功，家庭也没建立。

以前我母亲总喜欢用她过来人的身份告诫我："工作是做不完的，钱也是挣不完的，而女孩子青春有限，该恋爱时就恋爱，该结婚时就结婚，以后才不会后悔。"中国的老话也常说"成家立业"，意思是先成家后立业，有了家才有奋斗的动力。

或许是因为一直保持着与世无争的心境，赵雅芝从未真正在意过媒体所谓的"四大花旦"之争。在公司，她从不主动为自己争取戏份和角色，公司给什么就接什么，认认真真、踏踏实实地尽自己的本分。她认为公司其实是一个大家庭，家就要"以和为贵，和气生财"。她之所以有这样的选择也是因为了解自己的特长，温婉的淑女角色与她个人形象是最契合的。早期，她也曾在电影里尝试做打女，但终究不如温婉淑女角色给观众留下的印象深刻。这正是她聪慧的地方——明确适合自己发展的方向，不去过分在意媒体和观众的评价。

再看现在娱乐圈的明星，有些常会因为被网友痛批"角色单一"而自暴自弃，贸然放弃自己的特长，去接一些根本不适合自己的角色，还美其名曰"挑战自我"。戏演砸了不说，自我定位也越来越模糊，颇有些"邯郸学步"的意味。对此，徐克曾表示："就连玛丽莲·梦露也曾试图证明自己是优秀的演员，演过一些乏味的电影，正因为她尝试去演一些并不适合她本人的角色，反倒使自己黯然失色。"所以，为什么要把赵雅芝变成一个不是赵雅芝的人呢？

正因为她对自己有清晰的认知，深谙自己的形象特点，所以饰演的多个角色，诸如苏蓉蓉、冯程程、金无箴、白娘子等都与她的个人形象完美贴合，尽管有人评价未免有点单一，但至少在演绎温婉女性角色方面，她是举世公认的"高人"。这也正是她的"撒手锏"。

练习优雅：跟赵雅芝学做优雅女人

在正当好的年纪去爱一个人

回首过往，你是否有这样一种体会：很多计划好的事情，因为一些琐碎的原因被搁置，以为总有一天会去做，却发现这一耽搁就是好几年。比如规划好的假日出游因为下雨而搁置；想买一款新手机却因为钱不够而放弃；等到天晴了，终于可以出门旅行，你却又没了那份迫切的心情；等到工作，终于攒够了能买一个手机的钱，却发现自己没那么喜欢那款手机了……

曾经有个朋友在读大学时喜欢上了一个男孩。但她觉得作为学生应该以学业为主，就默默地放弃了这段感情。毕业后她很顺利地考上研究生，后来又读了博士。到今天，她到了40岁的年纪，却突然对人生产生怀疑。好几次午夜梦回时她梦见那个男孩的身影。这些年，她虽然谈过几次恋爱，却再也找不回当初那么喜欢一个人的感觉。

最后她说："感情这种东西，错过了就是错过了，可能这辈子也找不回来。"还记得刚来北京那年，刚刚大学毕业的我，有一天路过一家商场，透过玻璃橱窗一眼就看中了一条白色连衣裙。可犹豫再三，还是因为它的标价过高没有买下。过了半年，我还是非常惦记那条裙子。等再来到商场时它已经不见了，因为夏天已经过去。那一刻我终于明白了一个道理，喜欢什么东西就去买，喜欢什么人就去追，用最好的年华去爱，别给自己留遗憾。

赵雅芝21岁就嫁人了。对于女人来说，拥有一个家庭，生一个孩子，是一件非常幸福的事。虽然因为种种原因，她的第一段婚姻并不算幸福，但她也从中有所收获，她拥有两个宝贝。最重要的是，她没有放弃对爱的追求，没有放弃对生活的期待，才会顺利展开第二段婚姻，用时间续写幸福。

虽然可能成熟的爱情更安全，但是青涩的爱情却可以留下一段美好的回忆。当你老了，再回首往事时，是不是会想起一生中第一次爱的人？那种感觉很美妙。

同一个人，可能你在30岁的时候不会选择去爱，但在20岁时会奋不顾身地去爱。

沈从文说"在正当好的年纪去爱一个人"，趁着年轻，要学会享受爱情。因为长大后的爱情,难免掺杂世俗的看法,变得不那么纯粹。

守护家庭,做一个温柔女人

如果事业和家庭之间出现冲突,赵雅芝选择的一定是家庭。纵观演艺圈,大概多数明星会在自己的事业发展期,选择放弃家庭。这种做法本身并无对错,每个人都有选择自己生活的权利。但赵雅芝塑造出的经典角色之多,可能还胜过那些放弃家庭冲击事业的明星。

1975年,赵雅芝参演校园剧《乘风破浪》,此后在一系列影视作品中牛刀小试。但因为不是科班毕业,她在摸索的道路上吃了很多苦,"我没学过演戏,也没什么基本功,遇到了很多挫折。尤其是刚开始演戏时,有些剧情演得没那么到位,现在我看还是会有遗憾。"可以想象,能够获得后来的荣誉,这一切有多不容易。但是对于她来说,事业只是一份工作,需要认真对待的时候就认真对待,而家庭始终是一个女人的归宿。

如果家庭需要她，她可以在完成工作后很快回归。

其实她尝试过很多角色。1979年，她在许鞍华导演的电影《疯劫》中饰演了一个杀人犯。这个角色冷静而深沉。"内心戏很多，对我来说算是与以往角色非常不同。"为了认真揣摩角色，她将自己封闭起来。那段时间，很多同事发现她似乎有些走火入魔，几乎被她吓到。这样的努力，终于获得丰厚的回报。影片上映后，立即打破当年的香港艺术片票房纪录。

后来，她终于找对适合自己的戏路，先后塑造了苏蓉蓉、冯程程、白娘子等一系列温柔如水的女性形象。虽然观众开始批评她的角色单一，但她自己从容淡定，"温婉其实很难演，你要让人家觉得自然而不是做作。"

此后她离开香港转战台湾，用作品《戏说乾隆》和《新白娘子传奇》彻底征服了台湾乃至全国观众，成为传奇。她很欣慰自己能够诠释好白素贞这一角色，也很开心二十多年过去了，还有很多人喜欢叫她"白娘子"。她很感恩自己能够遇到这个角色，"对我来说，这是个很重要的角色。就像座桥梁，把我跟观众的距离拉近，像亲人一样。"

但她却并没有在大红之际选择继续发展，而是为了照顾三个孩子毅然隐退，相夫教子。"接戏一定要先把家里处理好。那个时候小孩子学业很紧张，到了升学考试的时候，我没有办法工作，要盯着他们的功课。"而对此她也从未感到可惜，并坦言："如果因为工作，不能陪孩子一起成长，才是我最大的遗憾。"看到这里，我想到现在很多中国父母以为挣钱是最重要的事，以为错过的父爱、母爱日后可以用更多的金钱弥补回来。但其实，在孩子关键的成长期，是最需要父母关爱的，一旦错过必将造成终身的遗憾。为什么很多女孩长大后会有恋父情结，而很多男孩会有恋母情结？就是因为他们在童年时代，未能得到足够的父爱和母爱。但这个问题，在赵雅芝身上都不是问题。她来自一个传统家庭，从小就认为："婚姻和家庭是一个人的后盾。"所以她的想法很简单，就是毕业后工作，然后恋爱、结婚、生小孩，一生就这样幸福。

于是她21岁那年就嫁了人，为了照顾家庭和孩子，如日中天的赵雅芝毫不犹豫地拒绝了嘉禾等公司多部影视剧和广告邀请。离婚后，她甚至一度退出演艺圈，全心照顾两个孩子。直到1987年，她接下电视剧《京华烟云》，仍然坚持着每拍10天就抽出3天，回香港照看孩子。

后来也是在制片人的诚意邀请下，赵雅芝答应复出，但表明每年只接一部戏，并且只在暑假时期接戏，由此可见她对家庭的用心。

虽然第一段婚姻不完美，但那之后，她又遇到了现在的丈夫黄锦燊。她很感恩上天安排的一切，令她在失去之后更懂得珍惜，所以对现在的家庭，她也有更多的关怀。

而她的丈夫也确实给了她想要的爱情。赵雅芝曾笑言："只要时间允许，他都会陪着我去各地工作。"前不久，夫妻俩还在机场被拍到拥吻，那场面宛如新婚的小夫妻。

赵雅芝坦言之所以肯放弃事业照顾家庭，是因为她知道孩子的成长是很快的，"要是你错过了那段时间你再也补不回来了"。而工作总会有的，钱是挣不完的，何况她工作也并非全部为了钱。

这样的从容令她一直都清楚自己想要什么，上天也没有辜负她，既给了她一个完美的家庭，又让她的事业如此成功。这样的她令朱时茂十分赞许："她是东方之美的化身，给几代人留下了荧屏经典，却又能顶住名利，事业正旺时退避三舍，是一个成功的贤妻良母。"

真诚地赞美你的伴侣

爱的本意应该是付出,而不是一味索取。赵雅芝是一个非常懂得夸赞伴侣的人。在接受采访时,她曾多次提到丈夫对她的关爱,也从不吝啬在人前赞美自己的老公。

一个懂得感恩的女人,岁月自然会恩惠于她。

世界上没有一件化妆品能让女人永葆青春,但如果一个女人总能保持乐观积极的心态,毫不吝啬地赞美自己的伴侣,时时看到老公的优点,她就是一个充满智慧的女人。

身在鱼龙混杂的演艺圈,赵雅芝这样一个大美女自然容易受到异性的追捧。她的第一段婚姻,就是因为丈夫不信任自己,而导致家庭破裂。与她合作的男演员,大部分都是那种相貌堂堂又很有绅士风度的男人,要是放在普通男人眼里,难免会有嫉妒心。但黄锦燊却做到了百分之百的信任。

而赵雅芝也没有辜负他的一片深情。在拍摄《戏说乾隆》时,她在接受采访时就曾表示,丈夫经常会来探班,有时候忙完自己的工作会开车来接她下班。这既是夫妻之间的信任,又很好地对外证明自己的清白,将绯闻的发生概率降到最低。

一个聪明的女人,总是懂得在合适的场合认真地赞美自己的伴侣。这样既能加强对方对自己的好感，又能促进彼此关系的融洽，何乐而不为？

积极地面对一切，用双眼去发现这个世界的美好。下面介绍的几种方法，可以帮助你保持一份乐观开朗的心境。

罗列使你感激的事情。无论生活是好是坏，都应怀抱一颗感恩的心，世事沧桑，不忘保留一份童真；善待自己的家人和朋友，珍惜你所拥有的每个当下。

简化你的生活，及时处理那些冗杂或不需要的旧物。你会发现我们每天夜里只能睡在一张床上，每天只能穿一身衣服、一双鞋出门，所以东西并不是越多越好。超出自己能够掌控的范围，它们反而会变成你的负担。

保持对生活的热爱和新鲜感。尝试一些新鲜的事物，别把大好的时光浪费在抱怨和一些负面情绪上。换一个发型，养一盆植物，或者寻找一条新的路，这些都能给你的生活带来改变，帮你重新审视周遭的一切。

在经济条件允许的情况下，你也可以给自己放个小长假，约一两个知己去一个山清水秀的地方，或者独自乘舟过江，体验不一样的风土人情。

适时夸赞自己，夸赞伴侣和身边的朋友。带着一份愉悦的心情开启一天的生活,你会发现生活正在变得容易。

多和朋友在一起谈心或是逛街喝茶。人具有一定的社会属性,要多和兴趣相投的朋友联系。愉快的事情一起分享,痛苦的经历也能一起分担。记住,不管遇到什么事,你永远都不会只是一个人。

心态决定生活质量,一个爱赞美他人的女人,运气总不会太差。

内外兼顾,学会平衡家庭和事业

《大西洋月刊》曾刊登过一篇文章《女人无法拥有一切》。文章里大肆宣扬美国前国务院高官安玛丽·斯劳特的观点:"在当前的世界经济和社会架构之下,女性在家庭和事业之间的矛盾将会长期存在,新时代所认为的'女人可以拥有一切'并不现实。"事实真的如此吗?

我知道,有很多女性,在结婚后特别是有了孩子后,大部分都会以要照顾孩子为由,辞掉手头的工作,当起全职的家庭主妇。从此,她们不再是光鲜亮丽的职场女性,而是脱下高跟鞋,每天围着孩子、奶瓶、尿不湿转的妈妈一族。

我有个朋友生完孩子后一直在犹豫自己到底要不要做家庭主妇,终于,在一边工作一边带孩子的过程中,她觉得太过辛苦,上个月选择了辞职。原本以为,她可以按照自己的意愿开始全新的生活,这应该是件好事。可没料到仅仅过了一个多月,她就向我打电话抱怨带孩子实在太无趣了,忙完孩子的事情也没个人说话,最重要的是她现在没了工作,不挣钱了,心里总感觉不那么踏实。就在昨天,她甚至跟我说她现在正在到处投简历,如果哪个公司肯要她,她立马去报到!

从那个时候我才懂得,并不是所有的中国女性,都会处理事业与家庭的关系。而对于男性来说,这似乎根本不算个问题。自古以来,男人的身上就扛着养家的责任大旗,尤其在做了父亲以后,多数男人都更能懂得自己的使命,会拼命工作,拼命挣钱。而女人呢,并不是所有的女人都甘于全心全意地当一名家庭主妇。新时代以来,很多女性甚至比男性更能干,她们也渴望能够拥有自己的事业,在职场上杀出一片天。对于30岁左右的女性来说,如何平衡家庭与事业的关系,就是一门大学问。

还有一些女性,明明可以选择做全职太太,但她们不愿意和社会脱节。花自己的钱总是舒坦的。而有一份工作，很大程度上代表着能够把一份自尊握在手里。那么，她们该如何更好地平衡家庭和事业的关系呢？

女神赵雅芝就是一个很好的例子。她在风头正劲的时候，为了家庭选择隐退；当工作需要她的时候，再踏踏实实地做回演员。正因为她在处理两者之间矛盾时没有丝毫的怨言，也没有丝毫的焦虑，所以她能幸运地拥有事业与家庭。而成功人士杨澜也给出了自己的看法："我曾经有个比喻：无论是男人或是女人都要担'两桶水'，这'两桶水'分别是事业和家庭。有的人觉得，如果我只挑一桶水会不会省点儿劲，但是力学的原理告诉我们不会。你一只手拎一只水桶特别沉，还不如拿一根扁担挑两桶水，这两个水桶彼此间有一个平衡关系。每个人都是要挑这'两桶水'的，人生这一路上肯定会有两个桶不一样重的时候，也有可能洒出一点儿水的时候。不过每个人都在尽可能地平衡这两个水桶，希望在到达终点的时候不要洒得太多。"

虽说鱼与熊掌不可兼得，但只要你平衡好两者之间的关系，就能从容应对人生路上的每个重要选择。

想要很好地解决这个问题，首先你要建立起内在的平衡。不要带着功利性的眼光去看待事业或者家庭，不要指望"一蹴而就"。我知道市场上有很多速成班，恨不得让你交完学费就能立马出师，但欲速则不达，很多事情是需要有个过程的，你是通过这个过程去学习的。所以一定要问清楚自己，你想要成为一个什么样的人，你的追求是什么。

我们每个女性都有很多社会角色：女儿、妻子、职员、母亲。在每个阶段，你要对这些角色有一个比较清晰的认知。比如，在孩子5岁之前，一般人会将母亲的角色看得更重一些，此时可以找份相对轻松一些的工作，以保留精力去抚养孩子；但等孩子成年后，他拥有了自己的生活，你便可以重新确定身份。如果此时你想更好地工作，那就去工作吧。

其次，要学会权衡所扮演的角色。不要将你工作上的烦恼带回家里，也不要把对同事的意见发泄给你的伴侣。家庭和办公室是两个完全不同的场合，你的角色也是不同的。在办公室就要努力做一个认真工作的人。而回到家里，不管多累多烦，都要扮演好自己妻子和母亲的角色。如此才能更好地享受来自家庭的温暖。

最后，合理地分配你的时间。你的一天只有24个小时，这些时间注定无法保证你处理所有的事情，画好你的重点。时间也是一笔昂贵的财富。如果你打算见朋友，就不要因为没时间忙工作而懊恼。如果你打算做文案，就不要为没陪孩子而伤心，要知道时间是固定的，它只够你拿来专心做好某一件或几件事。

切莫贪心。觉得自己可以做好一切的人，到最后一定是什么都做不好。

可以对一天的时间进行合理的安排，比如上午集中精力处理工作，下午去会见重要客户，而晚上的时间，则可以留给自己，无论选择睡个好觉，还是看一场电影，只要你觉得舒服，就算达成了目的。周末把时间留给家人，陪他们好好去放松。

这样进行一段时间，你就会发现规律的生活能让身心变得轻松。

聪明的女性，既可以拥有事业，又可以做一个贤妻良母，就像女神赵雅芝。只要能合理地利用时间，很好地扮演各个角色，你就能在这场"战争"中获得最终的胜利。

第八章

不老女神赵雅芝

绽放优雅:赵雅芝的人生轨迹

是超级偶像,但没有偶像包袱

曾经她是荧屏上温柔如水的苏蓉蓉、敢爱敢恨的沈芳、淡泊名利的金无箴、最美的贤妻良母白素贞……或许是因为这些角色温婉动人,人们自然而然地认为她是亲切的,平易近人的。

消失于荧屏的那段时光,她努力地尽一个妻子、一位母亲的责任。现在她的三个儿子都有了自己的事业,而她也开始重返荧屏,再次回到观众的视野。

这一回可不得了了。人们发现已经63岁的她,身材依旧婀娜,面容光彩照人,整个人优雅又有气质,好像时光在她的身上停住了。人们不禁高呼着:"芝姐!女神!"

凭借"温柔如水"的气质,她受邀代言了很多内地的金饰品。商家们不但看中了她几十年如一日的市场影响力,更看中了她平易近人,招粉丝们亲近的个人形象。

或许是太久没有见到她的身影,最近几年但凡她露面,活动场地常被人群挤到道路堵塞。观众们真是太喜欢和这位大明星见面,很多人嚷着要和她拍照。作为一个明星,她却一点架子都没有,反而不断提醒大家注意安全,不要出危险。

路上偶遇明星的事件常有。曾有一位网友就在飞机上偶遇了赵雅芝,当时她还没有那么喜欢她,或许是因为难得碰到明星,他拿着本子和笔小心翼翼地走过去请她签字。就在签完字后,赵雅芝抬头看了他一眼。那一抹陌生又熟悉的微笑,唤醒了他内心的迷恋。从那之后,他真正沦为一个"芝迷","我从来没想到她那么有名的一个明星,竟然真的没有一点架子,而且那个笑容真是太温暖了,我当时就决定这辈子都要追随她。"

据说在录制湖南卫视《我们来了》节目时,她一下车就对前来迎接的工作人员说:"抱歉,真是让你们久等了。"令那帮比她小了30多岁的女孩们感动不已。

还有一次,粉丝们知道赵雅芝那天过生日,大家一起商量好来到她拍广告的楼下等待。而得知有人在等自己的赵雅芝一忙完广告的拍摄,就急匆匆踩着一双"恨天高"下了楼。她走得那样焦急,都忘记自己是脚踩高跟鞋的人。等见到了粉丝们,她一下子冲到她们面前挨个送拥抱……用粉丝的话说:"反倒是给了我们很大一个惊喜。"

温柔贤淑的赵雅芝，不管是在荧幕上还是舞台下，她始终都是那个充满阳光的人。很多粉丝因她的优雅称她为"女神"，对这个称呼，赵雅芝本人的观点却是："很多时候观众朋友用'女神'称呼我，我觉得我宁愿他们用朋友来称呼我，朋友好像比较接近，没有距离感。"

赵雅芝在为《青花》做宣传接受采访时，曾公开表示："其实我不赞成他们去我到的每一个地方来追着我，我觉得他们应该把时间花在更有意义的地方上。但是因为拍《青花》的时候刚好放暑假，他们给我一个理由就是放暑假了，家里面也允许他们过来看我，所以我也不能唠叨太多。因为他们一直说我唠叨。我说如果真是这样子，家里面同意、时间许可的话，那就来吧。其实我拍戏会去很多地方，我去了当地他们再来看。记得拍戏最难忘的一件事：有一次，刚好是非常热的夏天，他们对我非常好，知道我在当地吃不惯，因为当地的食物很辣、很油，他们就替我去找比较适合我胃口的食物，让我非常感动。但是另外一方面，我又真的害怕会花了他们太多自己的时间，所以我感到两难，我很感动，但是我又怕如果鼓励了他们，他们会继续这样浪费了自己的很多宝贵的时间。"她一再表示："虽然很感谢粉丝们对我的喜爱，但还是希望他们努力做好自己的事情,这样才是我最希望的。"

她还坦诚地说她喜欢生活赋予她的每个角色:妈妈的女儿,孩子们的母亲,荧屏上的演员,私下里粉丝们的朋友……她说她对孩子们的教育一直都很开明,没有传统家庭那种"大人说话,小孩子插什么嘴"的严苛,反而是"任何事情,孩子都可以自由说出他们的想法和意见"。或许正是因为这种开明,才令三个孩子对她的评价是:和妈妈就像朋友关系,相处起来非常自在。

关于芝姐的影迷,让人感到出乎意料的是,里面竟然有不少是只有十一二岁的小朋友,对此,芝姐这样解释:"是像妈妈一样的感觉,我自己觉得挺好的,我只有三个儿子,我的影迷好多都是女孩子,她们把我当成妈妈,我也把她们当成女儿,我们的感情挺特殊的。"有这样一层亲密的关系,相处起来就非常自在。这种关系说起来容易,做起来却很难。很多时候我们难免会带着工作、家庭赋予我们的角色来处理周遭的人际关系。其实仔细想想,很多角色是自己强加的,身为一个母亲如果可以和孩子做朋友,平起平坐地分享和商量一些事情,那种感觉是很奇妙的。

从赵雅芝的身上,我们学到的是别人怎么看自己不重要,重要的是自己如何看待自己。在演艺圈闯荡多年，正当红的时候，她也从未有过所谓的"偶像包袱"，更多的是做真实的自己。坦坦荡荡或许是这么多年仍有这么多人如此喜爱她的原因。

热心公益，爱心大使赵雅芝

要说起赵雅芝的公益行动，那恐怕要说的内容很多。入行四十多年来，她所参与的公益涉及中国16个省区，公益内容涉及环境绿化与灾区重建、妇女儿童健康与社会医疗事业等。她还亲自授权由中国内地"芝迷"创办的义工组织——"芝子花开"。可以说，即使是在相夫教子的时候，她平均每个月也都会参与一次公益活动，为需要她的地方时刻贡献着自己的一份力量。

重返荧屏后，她的身影活跃在各大公益组织活动中。从2003至2016年，她所参与的公益活动不下百场——这在如今浮华喧嚣的娱乐圈或许算不上什么大新闻，但是却是实实在在的利民惠民的举动，充分彰显了她的人格魅力。

其中，2010年赵雅芝接任"慧妍雅集"会长一职，并凭借她的公信力连任两届会长。两年间，她亲自主持每年例行的"昂步健康行"活动，积极组织慧妍雅集成员一起参与各项慈善捐赠活动，在教育和社区建设事业方面给予极大的资助，由于她出色的表现，同年荣获《腾讯·星光大典》年度公益艺人称号；2012年6月，赵雅芝专程赶赴广西，为当地山村小学里的孩子们献上一份爱心，此次活动共为学生们捐赠了10万多元的捐款、书包以及其他学习用品……

在各项公益活动中，赵雅芝非常关注贫困地区孩子们的教育问题。2014年9月，她作为爱心大使，来到四川乐山市沙湾区葫芦镇马山小学给孩子们温暖的帮助。

对此，央视网评价她说："赵雅芝从香港红到台湾、大陆及东南亚，被大众誉为最具有中国美的妩媚女子。她的一颦一笑令人着迷，她是高贵优雅仙姬的代名词。"连金庸也说："赵雅芝是东方美女的最好代表。"

"高贵优雅仙姬"以及"东方美"，这个赞誉非常高。不仅针对她的外形，更针对她的善良与温柔，可以说她是一个真正"表里如一"的美人。

有一句区分"漂亮"与"美"不同的话，我倒是觉得形容得非常中肯："漂亮的女孩子是很多的，但她们身上往往带着一种傲慢的挑剔，可美丽的女孩就少了，因为它要求有如水的温柔，脱俗的气质。"美是漂亮的升华，是一种令常人羡慕的优雅。美是可以深入人心的，而漂亮只能给人留下肤浅的表面印象。

清华大学高材生

在这个日新月异、变化无常的世界，保持学习的能力是一件非常重要的事。随时清零，不断学习——如果一个明星能做到这样，那真的说明她很了不起。

赵雅芝就是其中一个。2006年，赵雅芝在清华大学经济管理学院学习高级时尚管理课程，并获EMBA学位。

她为什么要去学习这个课程呢？

随着中国经济持续快速的发展，时尚与奢侈品行业在全球逐渐凸显出巨大的潜力。同时，随着国际品牌与全球营销网络的发展，世界市场产业的竞争也越来越白热化。中国的纺织品、服装、香水、化妆品、珠宝等诸多行业，都开始在品牌管理、商业模式、创新设计等方面展开更加深入的研究。为了跟上时代的脚步，中国正朝着品牌大国的趋势发展。

为了培养和提供这方面的人才，高级时尚管理课程应运而生。它由清华大学经济管理学院联合法国时尚学院和巴黎HEC商学院共同研究开发，并于2006年开始第一期的课程。

对时尚始终保持敏感的赵雅芝，在得知有这样的课程开设后，毫不犹豫地报名参加，顺利成为第一期课程班的学员。进行这样的学习，不但让她对时尚行业有了更多的了解，也在上课的过程中遇到了来自各行各业的优秀人才，例如，飞亚达公司总经理及高层也是该班的学员，正是在上课的交流过程里，他们看中了赵雅芝身上独具的优雅气质，因此她被邀请成为其公司高端手表的代言人。

有一个在北京靠自己打拼将公司做大的朋友就曾对我说："你要多学习，不要怕花钱，女孩子趁年轻应该多多投资和充实自己，你能在工作之余学一门可以傍身的技能，以后走到哪里都不用害怕；更重要的是，你在学习的过程中能够接触到来自各行各业的优秀人才，这些人如果可以发展成为你的朋友，你以后的力量就是一个团队的力量，那时就不容小觑了。"

在这个知识就是力量、人脉就是力量的时代，多学一点，多投资自己，总是没错的。俗话说"腹有诗书气自华"，待自己长了本事，那真的是走遍天下都不怕了。

《我们来了》——赵雅芝来了

《我们来了》开播的时候，我惊喜地发现明星队伍里竟有赵雅芝的身影。印象中这些年她似乎从未参加过任何一档真人秀，而且在演艺圈这么多年，她始终都那么低调，不喜多言。她的出现，令我对这档节目萌发一种特殊的好感，觉得它更真实，也更亲切了。而63岁的赵雅芝也坦承："其实，来这节目的目的就是表现自己。"

永远都忘不了节目开播的那个夜晚，当绝代佳人赵雅芝以一袭白裙亮相时，场下观众的呼声有多高，而我内心的震撼又有多强烈。当晚关于她的微博话题便上了热搜，我们惊喜地发现，时光果然待这位佳人不薄，任多少年过去，她依旧是我们心目中那个温婉动人的白娘子，而这次的亮相，堪称"惊艳"。

"惊艳"之外，她给观众的感觉仍是亲和力十足，脸上始终挂着优雅、有礼貌的微笑。按理说，这样一个高高在上的

"仙女"，有明星架子也没什么不可理解，但是她偏偏喜欢用温柔如水的目光注视你，对待所有人都那么彬彬有礼，连汪涵也称赞她非常优雅动人。

但其实我和大多数观众一样，在节目开播前就心存疑问，在一档以运动为主打的真人秀节目里，已经有60岁高龄的赵雅芝可以做得来吗？我相信节目的编导一定也考虑到了这个问题。

但是她的表现出乎所有人的意料。在活动中她活力四射，积极地应对所有游戏的环节。在拳击赛中，与90后徐娇展开激烈对抗，爆发力十足，简直堪称"老当益壮"。而在之后的澳门塔高空环圈计时赛中，她因为患有恐高症，没办法参加比赛，因觉得连累了团队而流下愧疚的泪水，让队友十分心疼。

其实，恐高在明星中并不罕见。据说鹿晗因为恐高，出行的方式几乎都是乘高铁，因此得一绰号"高铁小王子"，甚至有网友调侃别人家的粉丝是"接机"，鹿晗的粉丝是"接铁"。而大明星巩俐也是患有恐高症。据说在拍摄《霸王别姬》时，导演要求巩俐从楼上跳下，她吓到花容失色，最后喝了半瓶红酒壮胆才完成拍摄。后在拍《天龙八部之天山童姥》时，因为要吊威亚，她吓到差点哭出来。

在之后的游戏中，赵雅芝卸下了女神的光环，忘掉自己的年龄投入其中。这份真实也感动了在场所有的人和电视机前的观众,以至于编导忍不住夸赞:"生活中的赵雅芝和荧幕上的形象差别不大,真的可以说是一本气质修炼的教科书。一颦一笑、一举一动都非常优雅。"

但优雅不是你坐着不动,只冲大家露出迷人的微笑。她是真正参与到每项活动中,并且把团队的荣辱放在心上。她用行动向大家证明"美无关年龄,气质战胜一切"。

她始终很谦逊:"我普通话不太好,说得比较慢。如果哪个字错了,麻烦你提醒我。"之后的几期节目,团队的伙伴们也越来越喜欢她,台湾偶像剧女王陈乔恩是圈里有名的"快嘴王",她曾在节目中毫不掩饰地说,她非常羡慕赵雅芝的优雅,并说自己最佩服的嘉宾就是赵雅芝:"你从她身上能看见岁月沉淀下来的那种优雅,有时候大家难免会累,会有点小情绪,但雅芝姐永远都是那个内心最平静、最有修养的、为人最好的大姐姐。"

也有很多后辈表示:"我是从小看白娘子长大的,看到她出现,觉得她是从画里走出来的美人。她很优雅,很安静,话不多。"

看多了你就会发现,不管是把参加节目当成是一项工作也好，还是当作是给自己接触新朋友、认识新朋友的机会也罢，她和许多后辈一样都在认真地付出，脚踏实地地来完成每个游戏。

如果你仔细观察就会发现，在一群人中，她永远是话少却会竖起耳朵认真聆听的那个人。有很多次，陈乔恩和其他人向她讨教不老秘籍，她都大方地分享自己的美丽心得，说话的语调不紧不慢，那一刻宛如一朵"空谷幽兰"。

女神，你好！

录制节目的时候，她的优雅和大方感动了许多人。《我们来了》的录制导演这样回忆她与赵雅芝第一次相见的情景：

"早上8点在《我们来了》宣传片的拍摄棚里，陆陆续续地江一燕到了，刘嘉玲到了，谢娜也到了。可我无暇顾及其他，手心直冒着汗，在心里无数次彩排着。不知该说雅芝姐您好还是赵老师您好？我是您的编剧还是我是湖南卫视的编导？哪个正式一些？我五味杂陈地站在人群中，心里就这么纠结地为自己彩排。下午5点多，我的同事悄悄告诉我赵雅芝到了。我急忙走到路边，车已到达，一行人从车里下来。我来不及观察他们，眼睛只死死地盯着中间的门，一袭无袖白色的裙子，就这么优雅地出现在我的眼前。可是还没等到我开口，对面就传来一句'你好呀，让你久等了，接下来的日子里你要多多帮助我了……'"

她怎么也没想到竟是这位大明星很有礼貌地先开了口。而更让人感动的是，她主动打完招呼后，就缓缓地走到工作人员的身边，把手轻轻地放在对方的肩膀。那一刻编导似乎受到了她的鼓励，内心也不再紧张和忐忑。就这样伴随着一股优雅的香气，她们开始了首次非常美好的面谈……

这位导演说："做了这么多年的电视导演，第一次接触这么优雅而鲜活的人。"她还说："她亲切得让人想靠近，那端庄却又令人充满敬意，旁人只道雅芝姐优雅，却不知晓雅芝姐的优雅中包含着理解和宽容。"

节目的录制和拍摄都是高强度的工作，为了尽可能地配合工作人员的工作进度，也为了随时保持妆容的完美，她在工作人员休息的时候，也没有去到专门的房间休息，而是在椅子上安安静静地坐着。她是一个喜欢凡事有准备的人，但"真人秀"节目却要求具备应对"突发状况"的能力，面对与自己平时习惯完全不符的节目特质，她没有选择逃避，而是认真对待，因为做好节目对她来说才是第一位的。她永远记得团队的利益。因为深受粉丝的喜爱，每个录制现场都有大批的"芝迷"。她一有空就和粉丝们进行互动，并且告诉她们要乖乖的，不管自己录节目有多累，场面多拥挤，总要上前为粉丝们送上自己的问候，像别人心疼她一样去心疼别人。

她的优雅饱含着一种不卑不亢、阳光温暖、积极向上、为他人着想的品质。在节目后期的游戏环节里，无论是学昆曲还是玩扎气球，她都认真对待，扎扎实实地学，实实在在地玩。这对于她这个年纪的人来说，真是太难得了。

正是这股韧劲儿，让她的优雅变得更加动人。要学习一项新的技能并非易事，除了反复地练习还要认真地揣摩，很耗费精力，但赵雅芝却很享受。她说自己很喜欢这种节奏，时间安排得井井有条，也让她的生活变得充实许多。不管走多远，她永远都是那个热爱学习的赵雅芝！

她的理性让她充满一种知性美。她曾多次坦言："有时候为了一些采访和录制，自己会准备很久。"因为她只做那些有准备、有把握的事情。为此，汪涵在节目中总是调侃："白娘子就是不一般，你看你看，又施了魔法了。"

她让我们知道优雅并不是轻松得来的，要长久地修炼。正是这种凡事不计麻烦，认真负责的态度，让她绽放了东方传统女性的美，在人间继续书写一段不朽的传奇。

任岁月流逝，她美丽依旧；任时光荏苒，她容颜不改。

爱护后辈，温暖如春

在"腾讯视频星光大赏"中，赵雅芝主演的《新白娘子传奇》获得"VIP挚爱经典电视剧"荣誉。

当天现身领奖时，赵雅芝身穿一袭红裙，仙气十足。上台说起自己的心情，她面带着微笑回馈观众对自己的喜爱："非常感激观众对这部戏的喜爱。这么多年仍那么热爱这部剧，觉得非常开心。"

专访过程中，因参演《白蛇传》意外走红的两位年轻演员也特别上台与赵雅芝进行互动。当主持人问她是否看过新版的《白蛇传》，赵雅芝非常优雅地夸赞两个孩子："我看过她们的表演，真的是太棒了。我觉得因为孩子没有经历过这些，能演得这么好真的太棒了。"在听说小许仙的扮演者竟也是反串之后，不忘对她们竖起大拇指表示非常赞赏，并且很感谢小白娘子和小许仙特别来帮她颁发这份荣誉。

尔后，她本人也讲了自己对这部剧的感受："这部戏对我来说是非常难忘的，能饰演这个角色其实也是非常幸运的一个机会使然。当然对于我来讲意义非常重大，这部戏就像桥梁一样，让我跟观众朋友们连接起来，所以我对这个戏有非常深厚的感情。"

最后的最后，她说："感谢年轻的小戏骨们把经典传承下去，同时也希望大家能给小演员们多一点鼓励。"

她的一番话不禁让人感叹她真的很温暖，时时不忘提携后辈。

不老女神赵雅芝

一个女人能够把家庭和事业都做到优秀，赵雅芝堪称最佳典范。她是一位好妻子，与丈夫风雨携手三十载；她是一位好母亲，对孩子有着开明的教育，令三个儿子拥有他们幸福的人生；她是一位好演员，靠精湛的演技被授予"中国表演艺术家"称号。

2010年,赵雅芝获"非凡魅力奖""永恒女性魅力大奖";2015年,获第十七届华鼎奖"中国电视剧杰出成就奖"。

进入演艺圈30年来,她有众多的优秀作品,从《弹指神功》到《英雄无泪》,从《傻探出更》到《疯劫》,从《上海滩》到《新白娘子传奇》,她用精湛的演技,演活了一个个角色,给观众留下深刻的印象,她的身影伴随几代人的成长,在观众的眼里,如今60多岁的她,容颜不改,身材依旧,是一个不老的传说,一个记忆中的女神,一个时代的传奇。

写了这么多,赵雅芝的魅力也许就在于:"她知道自己毕生追求的并不是万人瞩目的虚华生活,而是一个幸福的家庭。"也有网友说:"赵雅芝的美,很难让人挑出瑕疵来。1米65的身高,苗条又丰满;洁白细腻的皮肤光滑如玉;标准的鹅蛋脸洁白润滑;灵动的双眸明媚如秋水;高高的鼻梁、小巧的红唇;笑时眼似新月,唇角弯弯;加之纤巧婀娜的身姿,优雅高贵的气质,难怪有人用'巧笑倩兮,美目盼兮'来形容她……"

连她自己也说:"我觉得自己比较接近古典人物,更像出生在古代的女子。当然这不代表我不接受新事物,只是我更欣赏古典美,其实美的定义很难说,我认为自己还可以。"她又说:"现在我把表演当作一种对艺术理想的追求。"

从空姐到香港小姐,从演员到大家心目中被时光眷顾的女神,她真的美了一辈子。虽然没有通过做空姐实现自己"环游世界"的梦想,但通过做一名为大家所喜爱的演员,她实现了这个梦想。

很多人向她"取经",为何60岁还能有这样动人的容颜,她总是保持着甜美的微笑,在她看来,美丽就是一种平和、自然的心态。

她的外在依然如绽开的水莲缤纷多彩,而内在则更加丰富迷人。作为演艺圈的人,她几乎没有负面新闻,可以说男女老少通吃。虽然近些年她鲜有作品问世,却以另一种姿态(做公益、做慈善)活跃在大众视野,亲自授权"芝子花开"义工组织开展公益活动,还出任了香港慈善机构"慧妍雅集"主席(会长)的职务。

最近一次上新闻头条是去敬老院探望孤寡老人。照片中,赵雅芝身穿白色连衣裙,和敬老院的老人拉手合影。很多网友在看了这则新闻后纷纷表示:"女神不光外表美,心灵更美",还有人表示:"希望以后能成为赵雅芝,优雅地慢慢老去。"

赵雅芝的优雅是一种习惯。

《新白娘子传奇》要重拍的消息一经发布，立即有记者对她进行采访，问她的意见，女神微笑着说："我觉得重拍经典是好事。每个年代都有很多不同的时代印记，每个演员也都有不同的演出方式，会带给观众不同的感觉。"她表示虽然现在已经是网络时代，但她依旧保持着从前的习惯，非常喜欢读粉丝的来信。没事的时候也会和她们在网络上进行互动。

她这样地从容，仿佛时间在她身上停止了脚步。

赵雅芝，我们心中的不老女神。

练习优雅：跟赵雅芝学做优雅女人

保持优雅的秘密武器

1. 充足的睡眠

赵雅芝不管是工作还是生活，都十分低调。从她的微博来看，她是一个非常热爱生活并且乐于学习的人。她在接受采访时曾说："没有特别的保养秘方，想要保持姣好的容颜，一定要保持正常的生物钟，首先一定要有充足的睡眠，不管多晚睡，都要保持8~10小时的睡眠时间。"

2. 良好的饮食

在饮食习惯上要讲究：每天早晨可以喝一杯水果汁，中午吃些清淡的食物，晚上看情况，如果很饿可以吃点正餐。但餐桌一定要有汤，汤的种类会按照季节的材料进行准备。

吃的时候要注意，每餐吃到七分饱即可，不要太撑，切忌早饭午饭一起吃,更不要一下吃得太甜或太油腻。

赵雅芝推崇吃得规律,均衡营养的健康饮食对美肌也有很大帮助。在她的微博可以发现,她特别喜欢吃草莓和水蜜桃。

在微博上,赵雅芝曾分享保养秘诀:"我的生活很规律,吃得很自然,不偏食。虽然吃的自然,但也不是素食主义者,也喜欢吃辣。我会注意营养的均衡,也会吃些粗粮糙米。多吃天然滋补的食材,比如燕窝、山楂、红枣等。"

3. 学习穿搭,穿出自己的风格

平常要穿得得体、大方,可以先穿着比较舒服的衣服,然后慢慢形成自己的风格。如果是去参加宴会的嘉宾,则可以穿得正式一些。例如,橙色眼影搭配一件黑色的西服外套,胸前再别上一枚胸针,会显得大方得体一些。

身材好的女孩可以试一下白色紧身长裙,优雅又干练,也可以考虑红色露背装,大秀一把性感。

赵雅芝在她的微博上分享自己的穿衣心得:"参加宴会时,衣着最好不要抢了主人的风头。珍珠比较经典,宝石会很加分。"

4. 护肤：补水是护肤的第一步，女神也爱敷面膜

给肌肤补水是护肤的不二法宝，敷面膜是一种相对有效的方式，此种方法同样深受女神的喜爱。

除了购买市面上的一些良心品牌，女神还会自己调制一些面膜来敷脸。

除了这些，平时还要注意多补水、防晒。不管是何种肌肤，防晒是非常重要的。因此一定要注意。

赵雅芝还在微博上转发过用淘米水洗脸的方法，同时说："能保持美丽，其实肯定有化妆品的功劳。但最重要的是保持健康的生活状态。我平常的作息时间比较规律，尽量让自己不要太晚睡觉，保持充足睡眠。饮食上，不要吃得太饱太油腻。我每一餐通常七八成饱，少食多餐，多吃新鲜的果蔬。还有我会坚持健身。"

5. 保持良好的仪态

一个人的仪态会影响一个人的气质，久而久之还会影响到她的魅力。评价一个人的仪态要看她的站姿和坐姿。

先看她的站姿。身体要保持正直，抬头，挺胸，没有含胸

驼背的情况。俗话说："站有站相,坐有坐相。"虽然跷二郎腿是很舒服的,但是为了保持良好的仪态,站和坐的时候都要稍微注意一些,久而久之,养成了习惯,也就不觉得那么难了。

6. 经常换换发型,给自己一个新面孔

学会打理你的头发,经常给自己换换发型。买些搭配不同发型的头饰,小的东西也可以给你带来新鲜感。

不管怎样的发型,都要保持清爽干净。

7. 保持一个积极乐观的心态

赵雅芝曾经说过一句话:"种种美容之道,最有效的一条是:心宽。"

有情绪不要紧,发泄过后要很快就忘记,不让自己继续沉浸在不好的情绪里。她透露说,自己从来不生闷气,并且每天保持着适量的运动。

除此之外,她保持年轻的秘诀还来自于爱情的滋润:"先生的工作可以提前安排好,除了我们闺蜜聚餐外,他有空就陪我。"说到夫妻之间的相处之道,赵雅芝则坦言:"彼此相互照顾,也要学着互相欣赏,不能觉得做什么都是应该的,而要学会说谢谢。"

而在私下，她与粉丝的互动方式更为特殊——赵雅芝和她的影迷们默默做了6年公益，定期往灾区、孤儿院、老人院捐赠物品。"我觉得人一定要乐观，要有好心态，用正能量去感染身边的人，这就是保养秘诀。"

赵雅芝认为："心态年轻，才是真的年轻。"，她曾在微博晒出美照并留言："人生道路要看自己，好好地去创造和建立，有梦想就需要努力和坚持。"

她也坦言自己是理性的人，平时很少生气。因为知道生气也没有用，保持良好的心态才是最重要的。"要是真的生气就冷静下来，走开一会儿，想想问题在哪里，怎么解决。"女神如是说。

正如她说的那样，女神对待工作一直都很积极，对待生活也一直充满热情。工作之余喜欢欣赏美景，不让自己的心为世俗的劳累所牵绊，逢年过节也在微博上和粉丝互动，开开玩笑，无伤大雅地调侃下自己。她说："保养的目的不是为了马上年轻10岁，而是10年后，你周围的人都老了10岁，而你还是10年前的样子！"

由此可见，保养不仅是为保持年轻，而且是一种心态，是一种积极、优雅的生活态度，是一种精致的生活，是一种快乐的心态。

女人学会保养真的很重要！

8.结交朋友，分享快乐

交几个可以说真心话的好朋友。生活里遇到不开心的事时，也能有个倾诉的人，她可以安静地听你宣泄，在你六神无主的时候帮你拿主意。重要的是，让你的心不再那么焦虑。只有让自己变快乐才是王道，要知道快乐是自己给自己的。

女人一定要保持思想独立，有主见，有自己的"三观"，有上进心。做一个经济独立、不依靠男人、自强自立的女性，这样才能活得自信，活得漂亮。

每天打扮得优雅得体，清清爽爽地出门。没事常对自己笑笑，告诉自己没有什么困难过不去。手是女人的第二张脸，出门前抹上护手霜，随身携带护手霜，要时刻保护好它们。

交几个贴心的闺蜜，平常多和她们聊天逛街，有心事了可以互相分享。不要把不痛快憋在心里。

享受音乐和书籍，享受经典电影，热爱艺术，给自己疲累的心放一个假。怡人性情，滋养人生。

没事可以写写文字，记录自己每一天的心情，这样回过头来，还可好好感受自己的人生。不留恋逝去的时光，一切应得的都有迹可循。

妈妈们可以给孩子写个成长记录，记下他们成长过程中发生的事情。这是一件非常有意义的事情。

定期处理你不要的东西，极简的生活才能带来一流的品质。穿不着的衣服，还可以捐赠给需要的人，做做公益。

偶尔买一套不同风格的服装换换心情。

不要为别人所犯的错误惩罚自己。做了帮助别人的事情忘掉就好，不要指望以此为交换，让别人也施惠于你。

趁父母健在时好好孝顺他们，以免"树欲静而风不止，子欲养而亲不待"。

和要好的朋友常联系，没事聚聚会，你会想起过往许多美好的时光。

最后或许时间会在你的脸上留下皱纹，会把你的眼角勾出细纹，会把你的黑发染成白发，但时间永远无法带走一个人骨子里的气质和优雅。我们的女神赵雅芝说："时光积淀的是女人的柔美从容，时光映衬的是女人的温婉贤淑。而时光凝结出女人最美的气韵,自生花香馥郁,便能予人芬芳……"

善于学习,用知识武装头脑

人生是一场不知疲倦的旅程,想要看到更高、更远、更美好的风景,就需要随时充电,不断学习。

我们都渴望自己有一天能够飞到高处,让整个世界都能看到自己。但梦想的实现需要你不断付出努力,而知识就是你飞翔的翅膀。只有用知识武装头脑,你才能获得更多宝贵的经验,更多优秀的技能,让自己真正地出类拔萃。

学习是一种智慧的增长,它可以拓宽生命的宽度,加深人生的厚度,让人心胸开阔,收获更多精彩。

成年以后,优秀的人依然保持学习的动力,养成勤学苦练的习惯。而平庸的人则将自己放逐在安逸的生活里,令生命渐渐失去色彩。

你能想象吗?如赵雅芝这般优秀的人,竟也会为了追赶时尚,重新走进课堂,捡起书本。懂得了这些,也就容易理解为什么她每次出现在公众场合,都衣着优雅,笑容甜美。她曾说,优雅是她的习惯。那么,不断学习,不断前进,应该也是她的习惯。

　　印象中她特别喜欢穿白色的长裙,那一袭白裙飘飘,尽显仙子风采。有谁能把已经60多岁的她和老年人这三个字联系起来呢?看她那依旧婀娜轻盈的体态,迈着轻盈的步伐,你会觉得时光在她身上停住了脚步,女神是要这样美丽一辈子的。

　　而她的美除了外表的温婉大气,更有内在的良好涵养。"腹有诗书气自华",她常在微博上分享自己最近看的书和有趣的句子,可见,学习已然成为她生活中很重要的一部分。

　　知识让女人变得有内涵、有教养。这个世界上并不都是漂亮的女人,但是只要你肯学习,就可以通过后天的努力变得知性和美丽。而随着时间的流逝,交往的深入,你将发现更多人喜欢的是内心的纯净与从容。

　　知性的女人犹如一株兰花,清新淡雅,芳香四溢。这样美好的女子,没人不想要接近。

　　当然有了学习的意识还不够,还要懂得学习的方向,如此才能事半功倍。像赵雅芝,她因为身处演艺圈,需要对时尚有更多了解,所以报选了清华大学经济管理学院学习高级时尚管理课程。同样,你在开始系统地学习之前,也要先找到自己的兴趣点，有目的有针对性地去学习。

你可以先在纸上罗列出自己的兴趣，比如音乐、阅读、外语等几个方向，从中找到自己喜欢的事，也可以根据工作需求，或者对未来的规划进行安排。比如，假如你现在是名文字编辑，未来想当平面设计师，就可以报设计班等。

制订计划时，要合理贴切。先从日计划、周计划做起，等能够严格达到目标后，再制订月计划、年计划。

学会时间管理，善于利用时间，在一天中找到合适的时间完成学习。"万事开头难"，但只要你肯用心坚持，待它形成习惯，以后就能很自然地坚持下去。

学习是一件快乐的事情，不但可以让自己有所改变，学习的过程中，也可以结交志同道合的朋友。赵雅芝就是在上课的过程中，接到了主动找自己代言的广告。同时学习又是一件非常枯燥的、需要你下功夫的事情。

社会是最大的学校。人在社会里学到的是人生经验、生活经验。可以说，我们呼吸的每一天都在学习，只要你认真观察生活，从人与事中不断学习、总结经验，就一定能获得不少智慧，进而提高自己的能力。

只有学习才能成就自我，让你离梦想更近一步。

看重学历，对自己严格要求

原本我是一个不注重学历的人。以前的我总觉得只要有本事，走到哪里都不用怕。但后来，我渐渐领悟到，能够获得更高的学历，这本身也是一种本事。

有一年过年回家，姑姑极力劝我再读个本科，我听得很不耐烦。但她最终的一句话打动了我，她说："念，你要知道，你要是不上进，你这辈子就只有大专的学历。"恍然间，我感觉天地一片寂寥，一个恐惧的声音在心中回响：是啊，难道我一辈子就要一个大专的学历吗？

我有几位朋友，因为从小家庭比较困难，所以他们上完初中，就辍学外出打工去了。到今天我们再相见时，他们依然会带些苦涩地说："你看你有文化，可以去北京闯荡，可以找到一份体面的工作，而我们什么学历都没有，只能在工厂给人家打工。"被这样夸赞的我并没有感觉到一丝的自豪，反而有些难受。我知道他们的内心一定很不好受。

喜欢也好，拒绝也罢，在现代社会，学历是一张通行证，它能帮助你获得一份更体面的工作，拥有更高的职位。曾经我很想到某出版社工作，但就因为学历低，在二轮面试的时候遭淘汰。虽然学历并不能代表一切，但关键时刻它代表一份能力。

对于女性来说，有高学历的人可能会比普通人更知性，更有魅力。那些受过高等教育的女性，会更加懂得自己想要什么，从而获得更高层次的人生。

高学历也是对自身能力的一份证明。能够被优秀的大学录取，本身就是一种荣誉。而这种荣誉又会带给你更多的自信，令你对未来充满信心。

高学历的背后是一段你为了实现梦想而努力奋斗的记忆。而努力奋斗的人都值得尊敬。外表优秀如赵雅芝，不但注重外表，更懂得修炼内在。大红多年之后，还利用闲暇时间充电学习，最终获得EMBA学位。

其实娱乐圈不乏这样努力的明星，女星林志玲就是其中一个。这个有着多伦多双学位的美女是演艺圈公认的高学历高情商美女。

高学历背后代表着高智商和较强的学习能力。与高智商的女性相处更容易让人心生愉悦，而较强的学习能力能为自己增添追求更完美生活的自信。

我曾经偶然认识一个女孩。她出身清贫，生活很苦，或许是因为这样的环境，磨炼出她要强的性格。她曾非常不在乎地对我说："高学历有什么了不起？我只有初中的学历，现在不是一样混北京。"我知道她在一家酒吧当服务生，我没有看不起这种职业的意思，职位本身并无高低贵贱之分。但是她不会永远都青春靓丽，不会永远停留在24岁。如果她的眼里有未来，她应该趁着年轻多学习，尽量获得一个更高的学历。这样才能给将来的自己做更好的打算。

高学历或许不一定让我们的人生更加完美，却可以督促我们朝着更高的目标进取。

学习的方式多种多样。可以通过报考专门的兴趣班、补习班，也可以购买相关书籍自行充电，有钱又闲的情况下，还可以出门旅游走四方，看遍大好风光，增长见识，也可以在日常生活中，同比自己优秀的人交谈，学习别人身上的优点和特长，以此充实自己。

学习是一件付出心力的事，所以要给自己及时补充营养，通过摄入适量的蛋白质、钙、镁等元素，充分保证身体的活力。一日三餐要均衡。

行走在广袤的大地，我们心存梦想。因为对明天充满希望，所以愿意付出努力，去追求一个高学历高能力的自己，就像女神赵雅芝那样优雅、智慧、一生美丽。

重教养，识大体

一个好脾气、好性格的女人，一定更容易被人喜欢。

赵雅芝之所以能受人追捧这么多年，除了因为她美丽娴静的外表，更是因为举手投足间的那份优雅。和粉丝在一起她从来也没有大明星的架子，总是那么平易近人，真正地把粉丝当作朋友。

我相信，做芝姐的粉丝是幸运的。她原本是高高在上的女神，但她却执意走下神坛，用自身的亲和力去感染别人，获得更多的尊重。这就是有教养、识大体的表现。

教养是社会影响、家庭教育、学校教育和个人修养综合的结果，通常指一般的文化和品德的修养。赵雅芝出身传统家庭，从小就接受了很严格的家庭教育，所以教养一直很好。

同有教养的女人相处，你会变得自在。因为她总是保持着良好的状态，以温柔的脾性接纳和包容着周遭的一切，与他人建立良好的关系。

有教养本身就是一种莫大的社交魅力。通过以下几种方法，可以帮你成为一个有教养、识大体的女子：

一是要守时，不管做任何事，有教养的人从不迟到，对时间的尊重，就是对他人的尊重；

二是不要乱发脾气，做自己情绪的主人。教养与一个人的学识、地位都无关系，却与一个人能否很好地管理自己的情绪息息相关。我们都见过那种因为一点事就对别人破口大骂的人，人们一般称之为"泼妇"，这就是典型的缺乏教养的体现；

三是能够认真听取别人的意见。很多人固执己见，即便错了也碍于面子不肯承认自己的错误，这种人免不了要走很多弯路。可以反驳别人，但起码要在你找到确切的反驳理由以后；

四是与人交谈时注意交谈技巧，不要想说什么就说什么。"眼睛是心灵的窗户"，在和别人交流时，一定要认真看着对方的眼睛，保持注意力高度集中，而不要心不在焉，露出一副无所谓的样子；说话的语气要中肯，避免大声喧哗，同时也不要小到像蚊子声无法听清。最重要的一点，不要当面指责对方，不要带着某种情绪和对方交流；

五是不自傲。即便自己真的比别人优秀，也不要在人前摆出一副不可一世的样子。要知道天下的牛人很多，"三人行必有我师"，时刻保持一份谦逊的心态，与人为善；

六是做人要大度，不要斤斤计较。与人相处时不要因为一点小事就闹意见，也不要把曾经帮助过别人的事放在心上，逢人就说；

最后，要学会关怀他人，富有同情心。

其实，日常生活里的每件小事，都能显出人的教养。比如，有教养的人都会在还别人东西时用双手呈上；推门走在前面时，自然而然地为下一个人推着门……

你如果真的想做一个有教养的人，就要注意时时刻刻提升自己。虽然看起来你的行为可能会受到一些规则的约束，但久而久之也就习惯成自然了。

有教养的女生就像一缕春风，谁能不喜欢呢？

附录

赵雅芝部分重要影视作品

时间	影片名称	饰演角色	角色身份	形象特征	影响
1976年	《半斤八两》	Jacky	秘书	年轻、性情刚烈的职场女性	影片成为香港年度票房冠军，又在日本等海外市场公映。
1977年	《发钱寒》	玛丽	契女	靓丽可人的美女	赵雅芝成为年度票房两连冠女影星
1978年	《剥错大牙拆错骨》	Angle	打女	仗义、善良、能文能武的女子	由张雷、赵雅芝、关海山、刘国诚、张惠仪、陈立品、何柏光、周吉、曾楚霖等当红演员主演，情节紧凑、高潮迭起
1978年	《倚天屠龙记》	周芷若	峨眉派第四代掌门人	清雅脱俗、秀若芝兰的女子	1978年至1988年赵雅芝被评为香港男士最佳梦中情人。
1979年	《疯劫》	李纨	阮士卓未婚妻	杀死出轨爱人的疯女	影片打破艺术片票房纪录、获金马奖剧情片奖，被称为新浪潮电影代表作、中国百部经典电影之一。
1979年	《圆月弯刀》	青青	魔教教主之孙女	功夫独步武林、无怨无悔跟随着爱人的女子	同年赵雅芝获香港十大明星金球奖

时间	影片名称	饰演角色	角色身份	形象特征	影响
1980年	《英雄无泪》	蝶舞	舞姬	擅长跳舞的绝色美女	影片成为古龙武侠电影经典,被多次翻拍
	《上海滩》	冯程程	冯敬尧的女儿,富家女	敢爱敢恨、清纯如水、坚强善良的知识女性	赵雅芝凭冯程程一角被评为20世纪香港最难忘女主角之一;1990年《上海滩》获无线举办"八十年代十大电视剧集"评选第一名;1999年《上海滩》被马来西亚媒体评为20世纪华语电视剧百强评选第一位。
1981年	《失业生》	赵雅芝	明星	提携新人的大明星	该片是香港早期青春电影的代表作品,引领了香港青春片的潮流,成为一代人的青春回忆。
	《女黑侠木兰花》	木兰花	打女	能文能武、美丽成熟、伸张正义的女侠	本片上映创造80%以上的收视纪录,造成轰动,并且在美国、加拿大播映。
1982年	《弹指神功》	苏蓉蓉	楚留香的红颜知己	温柔体贴、善解人意、武功深不可测的神秘女子	赵雅芝以25万港币片酬成为华语圈片酬最高女星。
	《楚留香传奇》	苏蓉蓉			该剧上映创造77%收视率,引起轰动。

时间	影片名称	饰演角色	角色身份	形象特征	影响
1991年	《戏说乾隆》	程淮秀	江南盐帮帮主	飒爽英姿、侠肝义胆的侠女	该剧获1993年第11届中国电视金鹰奖优秀合拍片奖；2007年福建城市电视台节目联盟2007收视颁奖福州地区特别奖。
		金无箴	江南刺绣女	温柔多情、淡泊名利的淑女	
		沈芳	侠客	敢爱敢恨、性情洒脱的侠客	
1992年	《新白娘子传奇》	白素贞	蛇仙	美貌绝世、天性善良的女子形象	电视剧先后在中国台湾、内地和日本等地播映，曾获多个大奖。央视重播收视率第一，至今未被超越；2015年获中国电视剧杰出成就奖。

赵雅芝个人经历

时间	个人经历
1954年	出生在香港一个商人家庭。
1971年	毕业于香港天主教崇德英文书院。
1973年	19岁的赵雅芝获"香港小姐"殿军,被评为"最上镜小姐"。
1975年	成为第一个同时横跨喜剧、文艺、武侠三种不同电影风格的影星;同年嫁给第一任丈夫黄伟汉,婚后生育两个儿子。
1981年	因《女黑侠木兰花》与现任丈夫黄锦燊结缘。
1984年	因感情问题与第一任丈夫黄伟汉离婚。
1985年	与现任丈夫黄锦燊在美国注册结婚,生下第三个孩子,两人感情稳定。
1992年	凭"白娘子"一角,以片酬300万港币成为台湾影视圈片酬最高艺人。
1999年	因主演多部剧集在大陆播放,电影画刊专题报道"赵雅芝现象"。
2006年	在清华大学经济管理学院学习高级时尚管理课程,以优异的成绩毕业并荣获EMBA学位。
2010年	获"非凡魅力奖""永恒女性魅力大奖"。
2015年	获第十七届华鼎奖"中国电视剧杰出成就奖"。

赵雅芝语录

1.美丽就是一种平和、自然的心态,即便不是一个天生丽质的人,只要拥有这样乐观、健康的心理,也一定会很好看。

2.生活多美好,每天早晨我急急地睁开眼睛,注视外边灿烂的阳光。我总是很激动,想着又可以高高兴兴迎接新的一天,新的生活。过去的生活也好,现在的生活也好,未来的生活也好,我都用澄明的心情喜爱着、崇敬着。在岁月悠悠的河流里,我们是荡着生命之舟的一条船,点点滴滴的生活都那样美好。

3.女孩子要保持微笑,笑可以开朗自己的心境,也会让别人更喜欢你。

4.作为女孩子美丽与否的标准:待人真诚,心地善良,有实际才干。

5.一个优秀的女孩子要有成长经历,不能学会在成长中积累经历,即使活到100岁,那么你仍然是幼稚的。

6.女孩子的眼泪是最珍贵的,要等到最开心的时候才流。

7.美该有深度、有内涵。品格最重要，保持自信，本着宗旨去做人。

8.有婚姻、家庭、孩子的牵绊，事业多少会有影响。我知道有人说我傻，但是他们不是我，不知道我想要的是什么。

9.我是一个普通的女人，我有我的家庭，抚养孩子是做母亲的责任，钱再多，事业再好，没有家庭还有什么用？红了又怎么样？红得发紫又怎么样？

10.作为母亲，我对孩子们的要求很简单。我只希望他们能明白是非、黑白、善恶，做一个正直的人，凡事尽力而为，做个有责任的人。在他们的成长中，做人处事都需要父母的指导，我对他们有责任，所以在照顾孩子方面花了很大的精力，我不会锁定他们的人生目标，只是尽自己的责任去教导他们。每一个人际遇不同，志向和长大的决定都不是父母能控制的，只要他们快乐就好。

11.做一个好妈妈至少能让孩子在人生的旅途上走得平坦、安稳，为他们想得更周全，在子女心里这就是对他们的支持；做一个好妻子，多少能让丈夫享受安稳、平淡而幸福的生活，在丈夫心里你便是凝聚一切的人。

12.曾经演绎过许多凄美的爱情故事，里面的人们爱得那么辛苦，似乎提醒人们既然爱得那么辛苦，那么对自己拥有的就要好好珍惜，不要计较代价。如果为了什么原因不能好好地去爱的话，就不是真的爱了。

13.我认为人应该珍惜和享受现在拥有的，不应该总是缅怀过去。不过从过去中获得的经验用于现在才是对的。我享受每一天，每天都是有价值的。放弃自己的一部分事业来维持家庭，我会有失落感，但是觉得把握好目前，做好眼前的事才是最重要的。只要抱着这种态度，也不用什么特别的方法来平衡自己的心态。

14.我把家庭的温暖，把孩子的成长放在第一位。

15.对婚姻，我觉得大家应该有一个共同的目标：忍让、互相爱对方，如果大家的目标不一致，那婚姻便完了。

16.人只能活一次，要好好地活下去。

17.其实在每一个圈子里都有坏人，最要紧的是本着宗旨去做人，就什么都不怕了。

18.演员也是人，是人就有她的喜怒哀乐。我也是个常人，我不认为娇媚善良、温柔多情就代表有女人味，基本上我同意女人是水做的，脆弱时如薄冰，执着时可以滴水穿石。

19.我比较乐意去尝试新鲜的事物，有许多的事物刚开始都会没有经验，全凭好奇心，不怕撞板，决心从实践中提高自己。

20.人生很多事情就像注定一样，都是必然的，是躲也躲不掉的，人生遇到适合的便要争取。

21.如果每个人都能做好自己的工作就能成为自己的偶像，平凡而伟大地活着。

22.在演戏方面我不会去刻意追求形象，好的剧本最重要。作为演员，我希望尝试不同角色，突破自己以往的形象。只要先做足准备，我都有信心演好角色，演活角色。

23.我承认外表的美可以讨巧，不过我认为修身养性更受人尊重。艺人长得漂亮，别人比较容易接受，可能比较容易得到别人的重用，但别人经常会只注意你的外表，而忽视你的演技。

24.我觉得是先有影迷才有明星。演员与观众的关系，就好比水与船的关系，一个没有观众的演员，他的表演是没有任何价值。

25.演员这个职业令我着迷，有好戏我会继续演下去。

26.好的导演是演员的一面镜子，每个演员都希望多照镜子，通过向导演学习，来提高自己的表演技能。

27.很多年前我踏入娱乐圈不久,还处于拼杀阶段,现在我可以自己安排自己的时间,这是自己争取的,我很享受目前的生活状态,更由衷地希望所有人都和我一样好。

28.只要有一天,观众还喜欢我演的戏,还希望看到我,那我还会把我全部的热情奉献在荧幕上。

29.不知不觉间,我经历了一连串的生活变故:情变、离婚争子、再婚生子,就像是一部中篇电视连续剧,终于一切都稳定了下来,我做回自己的角色,我的正职是家庭主妇,我把家庭的温暖,孩子的成长放在第一位,演戏是我的副职。

30.孩子生下来,我们便要对他们负责任,要不然就不要生了,我不觉得带孩子很累,相反我觉得很有乐趣。母亲将注意力集中在自己的孩子身上,我认为是最自然不过的事,我想这就是爱吧!我还有很多的爱呢!

31.孩子和丈夫对我来说是同样重要的,只是孩子在成长中,为人处世都需要父母指导,我对他们有责任,所以在精力上可能花在孩子的身上较多。但丈夫是与自己同甘共苦过来的,是共同创造幸福家庭的伙伴,所以对我同样重要。一路上会很难,但无论有多少风雨,经过多久,只要你诚恳用心去做,对方都会等候。

32.我已经老了,早已配不起"美人"这样的称呼了。我不知道为什么还会有那么多人觉得我依然美丽。我已经50多岁了,早度过属于"美丽"的年代了,如果说我现在还不丑,那也只是化妆品的魔力吧。其实我认为美丽就是一种平和、自然的心态,即便不是一个天生丽质的人,只要拥有这样乐观、健康的心态,也一定会很好看。

赵雅芝精美诗作

新　诗

生活多美好

每天早晨我急急地睁开眼睛

注视着窗外灿烂的阳光

我总是那样激动

想着又可以高高兴兴

迎接新的一天，新的生活

过去的生活也好

现在的生活也好

未来的生活也好

我都用澄明的心情

去喜爱着，憧憬着

在岁月悠悠的长流里

我们是荡着生命之舟的一条船

点点滴滴的生活都那样美好
且教我们成长
使我们有足够的智慧
面向人生的风暴和险滩
为什么我们要鄙弃生活
为什么我们要悲苦着脸
老成而世故的人会说
生活是一连串痛苦的累积
我却始终不以为然
曾经有过很多日子
我在生活的阴影里走着
但是我还是仰着脸来笑
享受着生活赐予我的酸甜苦辣
活着已经够奇妙的了
活着迎接并体验各种各样的生活
难道不是一桩更美妙的事吗
我仍然会年轻美丽地活着
仍然心怀追求幸福的勇气和决心
如果我这样的年纪

依然可以拥有幸福和爱情

那么，你也一定可以

孩 子

小时候，我每天回家看见妈妈

心里就觉得好温暖、好亲切

现在，我做了三个孩子的妈妈

我终于感悟到，小孩子长大的时间只有短短十几年

他们成长的过程看也看不够

我要用更多的时间来陪小孩

因此，无论是在国外还是在祖国大陆拍片

我总是每个月回一次家

至于打长途电话和孩子们聊聊天

更是家常便饭

我只是希望孩子们能拥有快乐的童年

至于他们今后的发展，全看他们自己的兴趣和能力

好在他们都像普通的孩子一样天真可爱

并没有因为他们的妈妈是赵雅芝而有什么不同
祝愿孩子们健康成长
祝愿普天下的小朋友快快活活……